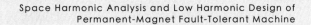

Space Harmonic Analysis and Low Harmonic Design of
Permanent-Magnet Fault-Tolerant Machine

永磁容错电机磁动势谐波分析及其低谐波设计

郑军强 ◎ 著

中国科学技术大学出版社

内 容 简 介

永磁容错电机空间磁动势谐波会产生较大的转子涡流损耗,严重威胁永磁体磁性能和绕组绝缘性能。本书首先提出了分数槽集中绕组永磁电机磁动势谐波通用分析方法;然后分别从绕组、转子和定子三个角度,系统性地研究了容错电机低谐波设计技术;最后提出了永磁电机效率云图快速计算方法以及最大效率点和特定效率区定量分析方法。

本书既可以作为科研人员的参考书,也可以作为高等院校相关专业的研究生教材。

图书在版编目(CIP)数据

永磁容错电机磁动势谐波分析及其低谐波设计/郑军强著. —合肥:中国科学技术大学出版社,2023.10
ISBN 978-7-312-05791-5

Ⅰ.永… Ⅱ.①郑… Ⅲ.永磁式电机—谐波—研究 Ⅳ.TM351

中国国家版本馆 CIP 数据核字(2023)第 187121 号

永磁容错电机磁动势谐波分析及其低谐波设计
YONGCI RONGCUO DIANJI CIDONGSHI XIEBO FENXI JI QI DI XIEBO SHEJI

出版	中国科学技术大学出版社
	安徽省合肥市金寨路 96 号,230026
	http://press.ustc.edu.cn
	https://zgkxjsdxcbs.tmall.com
印刷	安徽国文彩印有限公司
发行	中国科学技术大学出版社
开本	710 mm×1000 mm 1/16
印张	11
字数	180 千
版次	2023 年 10 月第 1 版
印次	2023 年 10 月第 1 次印刷
定价	58.00 元

前　　言

　　电机是机电能量转化的核心装置,在国民经济的发展进程中起着举足轻重的作用。根据航空航天、军事装备、矿井、交通等特殊高可靠性领域的要求,容错性能成为永磁电机重点关注的性能指标。随着永磁电机在高可靠性领域的广泛应用,对其容错性能提出了更高的要求,分数槽集中绕组由于具有高相间独立性的优点,非常适用于永磁容错电机。但是,丰富的空间磁动势谐波会产生较大的转子涡流损耗,产生的热量聚集在电机内部,严重威胁永磁体磁性能和绕组绝缘性能;与此同时,由谐波引起的损耗变大致使电机效率难以提升。因此,探究永磁容错电机低谐波设计技术,减少空间谐波对其负面影响,具有十分重要的现实意义。

　　本书的撰写紧密围绕理论分析、仿真研究和实验研究的整体方案,针对永磁容错电机空间谐波大的问题,开展了空间谐波分析与低谐波设计相关的研究。首先,基于交流绕组理论并以低谐波定向设计为目的,提出了分数槽集中绕组永磁电机磁动势谐波通用分析方法;然后,分别从绕组、转子和定子三个角度,系统性地研究了容错电机低谐波设计技术;最后,从低谐波设计改变电机损耗分布入手,提出了永磁电机效率云图快速计算方法以及最大效率点和特定效率区定量分析方法。针对上述研究内容,分别试制了相应的实验样机,进行了实验分析和性能验证,为永磁容错电机在航空航天、军事装备、矿井轧钢等高可靠性领域中的拓展应用和高效率运行奠定了基础。

　　在本书的撰写过程中,得到了南通大学茅靖峰教授、张新松教授以及江苏大学赵文祥教授的大力支持和指导,在此表示诚挚的谢意。

　　由于作者水平有限,书中难免存在不足之处,恳请读者批评指正。

著　者

2023 年 6 月

目　　录

第1章 绪 论

1.1 课题研究的背景和意义

电机系统作为能量转换与动能传递的直接执行者,起着"中枢桥梁"的核心作用,其应用遍及国防、工农业生产、交通运输、信息处理、家用电器等领域,为实现国家工业化,促进社会生产力发展,做出了巨大的贡献。[1-2]与传统的感应电机和电励磁电机相比,永磁电机无需励磁绕组,就可展现出结构简单、效率高、功率密度大、可靠性强等显著优点。[3-6]与此同时,随着永磁材料磁性能日益提升,尤其如高性能钕铁硼等稀土永磁材料的发展进一步提升了永磁电机的电磁性能,使其越来越多地应用于一些高可靠性特殊领域,如航空航天、军事装备、矿井、交通等。[7-8]这些应用领域不仅要求电机系统效率和功率密度高,更希望在其发生故障后能够具备一定带故障运行能力,使故障影响最小化。[9-11]

相比于传统的重叠式分布绕组永磁电机,分数槽集中绕组永磁电机集中跨绕于一个定子齿,不与其相邻齿上绕组发生交叠,使各绕组间具备良好的物理隔离条件,极大地提高了相间独立性。当其中某一相或者某几相绕组发生故障时,可使故障相对其他正常相的不利影响降至最低[12],因此,分数槽集中绕组结构对提升永磁电机的容错性能至关重要。此外,多相或者多套绕组结构可以极大地增加永磁电机控制自由度,配合适当的容错控制策略,能够有效提升电机系统带故障容错运行的能力。[13-15]与此同时,分数槽集中绕组永磁电机绕组端部短且结构紧凑,能同时减少绕组端部铜耗和预留空间。因此,多相分数槽集中绕组结构在高可靠性永磁电机应用领域备受关注。

但是,分数槽集中绕组永磁电机定子磁动势谐波极其丰富,这些谐波旋转速度与电机转速不同步,将会在转子导体中感应出很大的涡流损耗。[16-19]由于转子为高速旋转部件且难以有效散热,热量聚集电机内部致使温度过高,严重影响永磁体的磁性能及绕组的绝缘性能。[20-21]除此以外,绕组磁动势中某些谐波还会引起较大的电磁振动噪声,进而影响永磁电机的品质。[22]当转速较高时,空间谐波含量大的弊端将被显著放大,成为限制分数槽集中绕组结构在永磁容错电机领域内应用最主要的因素。因此,开展分数槽集中绕组永磁容错电机空间谐波分析与低谐波设计相关的研究,拓宽分数槽集中绕组结构在高可靠性领域的应用,具有重要的现实和科学意义。

最大效率点和特定高效率区是永磁电机至关重要的两个性能指标,其定量研究为高效率永磁容错电机的优化设计与负载匹配提供理论依据。效率云图可直观地表征已知永磁电机最大效率点和特定高效率区两个性能指标,但其通常需要通过扫描大量工况点参数获得,计算工作量大且可移植性差。此外,效率云图难以定量反映永磁电机最大效率点与其特定高效率区随损耗分布变化的内在关系,致使电机效率的优化设计难以系统地呈现。因此,探究快速高移植性永磁电机效率云图计算方法、剖析其最大效率点与特定高效率区随损耗分布变化的映射关系,具有重要的理论和现实意义。[23]

1.2   永磁容错电机研究现状

电机高容错性能主要体现在各相绕组间电磁和热方面的隔离能力,当某一相绕组故障时可通过高相间独立性特征实现故障相的有效隔离,降低对其余正常相的不利影响。国内外诸多专家学者在电机本体高容错设计方面开展了深入的研究,并取得了一系列重大研究成果。由于开关磁阻电机转子仅为简单的凸极铁心结构,无永磁体与换相电刷,因此,容错电机最初的研究始于开关磁阻电机。[24]此外,开关磁阻电机大都采用集中绕组结构,每个定子齿仅绕制一相线圈,相间独立性高,加之其各相绕组轮流导通的独特运行机制,使开关磁阻电

机易于获得良好的容错性能。[25-30]

　　虽然开关磁阻电机具备高容错性能的独特优势,但其效率与功率密度低的缺点极大地限制了其在高可靠性领域的广泛应用。永磁容错电机于 1996 年首次被英国纽卡斯尔大学 B. C. Mecrow 教授[31]提出,随后又将其成功地应用于飞机燃油泵,图 1.1 展示了该飞机燃油泵用四相永磁容错电机,高性能永磁材料及铁心材料的使用极大地提升了该永磁容错电机的效率和功率密度。与开关磁阻电机绕组结构相类似,该永磁容错电机也采用集中绕组结构,每相绕组仅绕制于一个定子齿,相邻两相间由容错齿隔离,实现各相绕组间电路、磁路以及热路的高效解耦,极大地提升了其容错性能。除此以外,该永磁容错电机采用 Halbach 永磁阵列转子结构,旨在改善气隙磁密波形,增强气隙磁场强度,进一步提升其电磁性能。此后,英国谢菲尔德大学 Z. Q. Zhu 教授、J. B. Wang 教授及意大利帕多瓦大学 N. Bianchi 教授等国际知名电机专家对永磁容错电机展开了深入的研究。[32-39]文献[32]分别提出了四相、五相和六相不规则齿槽结构永磁容错电机并对其磁场进行了解析。研究表明,这种定子结构不仅能够提升永磁容错电机的转矩密度,而且能够抑制其转矩脉动,同时存在较佳的相数与槽极适配关系以兼顾其电磁性能和容错性能。

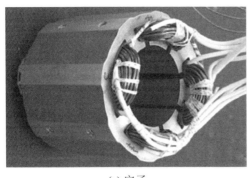

(a) 定子　　　　　　　　　　　　　　　　(b) 转子

图 1.1　飞机燃油泵用四相永磁容错电机[31]

　　永磁容错电机因其在故障容错性能方面的独特优势,同样引起了国内广大专家学者的关注[40-51],其中以东南大学、哈尔滨工业大学、南京航空航天大学和江苏大学的研究成果较具代表性。图 1.2(a)展示了一种新型模块化五相永磁容错电机,该电机的显著特征是单个模块定子中同时具有单层和双层绕组结构。研究表明,分数槽集中绕组配合模块化定子结构可最大化永磁电机的相间独立性,在利用模块化定子结构高槽满率特性提高电机功率密度的同时,亦能够极大地增强其容错性能。[40]文献[43]设计了"V"形内置式五相永磁容错电机,其结构如图 1.2(b)所示。研究表明,通过优化永磁电机电枢齿和容错齿及两者间的比例,能够有效提升其电磁性能和容错性能。与此同时,内置式永磁容错电机 d-q 轴磁路不对称的特性,能够拓宽其调速范围。随着磁场调制式永磁电机的发展与磁场调制理论的完善,集高转矩密度与强容错性能于一体的磁场调制式永磁容错电机成为当前研究的热点。[52-58]文献[54]提出了多齿定子永磁型容错电机,其结构如图 1.3(a)所示。研究表明,容错齿的引入能够显著增强定子永磁型容错电机的相间独立性,进而增强其容错性能。此外,通过增加电枢齿数目,形成的多齿结构可有效增加其相电感,抑制短路电流。文献[55]开展了转子永磁型磁场调制式永磁电机在转矩性能与容错性能方面的研究,在传统分裂齿定子表贴式永磁容错电机的基础上提出了转矩密度更大、容错性能更强的新型混合定子聚磁式永磁容错电机,其结构如图 1.3(b)所示。

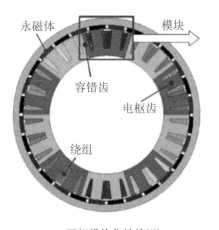 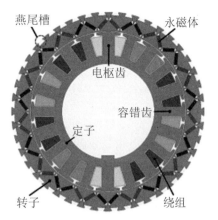

(a) 五相模块化结构[40]　　　　　(b) 五相"V"形内置式转子结构[43]

图 1.2　多相永磁容错电机

综上所述,永磁容错电机大多采用多相分数槽集中绕组结构,利用集中绕组结构高相间独立性与多相绕组结构多自由度特性来增强永磁电机的容错性能。然而,定子绕组磁动势空间谐波含量大的弊端始终制约着分数槽集中绕组结构在永磁容错电机领域内的广泛应用。因此,剖析永磁容错电机空间谐波产

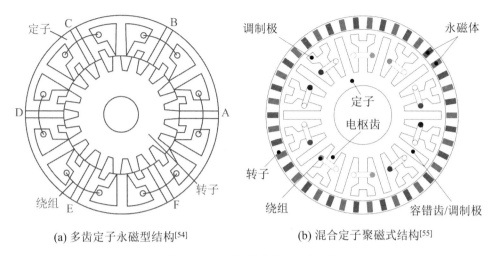

(a) 多齿定子永磁型结构[54]　　　　　(b) 混合定子聚磁式结构[55]

图 1.3　磁场调制式永磁容错电机

生机理与分布特征,针对性开展其低谐波设计技术的研究,是当前亟待解决的关键问题。

1.3　永磁电机空间谐波研究现状

永磁电机气隙磁场包括永磁磁场和电枢反应磁场两部分,这两类型磁场分别由永磁体和电枢绕组激励产生,由于受非正弦供电电流、绕组拓扑结构、绕组排布方式和气隙磁导分布等因素的影响,气隙磁场谐波含量极其丰富。需要澄清的是,本书的研究不考虑由非正弦供电电流引起的时间谐波。文献[59-60]剖析了永磁电机绕组函数与空间谐波分布间内在联系,并在此基础上统一了永磁电机绕组因数和漏磁因数计算方法。研究表明,空间谐波绕组因数和漏磁因数是评估和求解复杂电磁场方程的主要指标,绕组函数可对其空间谐波进行定量分析。文献[61-62]从单个线圈、线圈组、相绕组以及 m 相合成绕组四个方面着手,层层递进地对分数槽集中绕组基本单元电机的空间磁动势进行计算并对其谐波进行分析。研究表明,分数槽集中绕组结构存在显著的分布效应,对永磁电机有利的方面是,不仅能够极大地改善永磁电机的空载反电势波形正弦度,同时能够最小化齿槽转矩。然而,其不利的影响是产生较大的空间磁动势谐波。早在 1922 年,美国西屋电气制造公司 C. A. M. Weber 教授和约翰斯·霍普金斯大学 F. W. Lee 教授对由槽开口引起的空间谐波与其分布特征进行了研究。[63]图 1.4 展示了研究中一对极理想正弦气隙磁场经过五个开口槽时,不同位置所呈现的瞬时磁场强度波形。

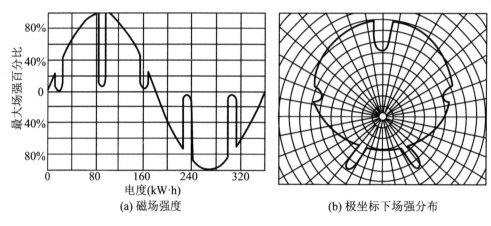

(a) 磁场强度　　　　　　　　　　　(b) 极坐标下场强分布

图 1.4　瞬时磁场[63]

研究表明,由槽开口引起的空间磁场谐波是固定的,其阶次与开口槽数量相关,可具体表示为

$$v = kN_{so} \pm 1 \tag{1.1}$$

式中,k 为正整数,N_{so} 为开口槽数量。在此研究基础上,N. Bianchi 教授团队对永磁电机定子磁动势齿谐波产生机理与分布规律展开了系统的研究,统一了定子磁动势齿谐波的表达式,并通过有限元仿真研究的方法定量评估了各阶次磁动势谐波对其转子涡流损耗的影响。[64]研究表明,永磁电机磁动势齿谐波阶次可由定子槽数和转子永磁体极对数表示,具体可写为

$$v = kN_{s} \pm p_{r} \tag{1.2}$$

式中,N_{s} 为定子槽数,p_{r} 为转子永磁体极对数。此外,研究还表明,磁动势齿谐波的绕组因数与基波绕组因数相同,第一阶定子磁动势齿谐波($v = N_{s} - p_{r}$)的旋转方向与基波磁动势方向相反且幅值最大,是引起转子涡流损耗、电磁振动噪声的主要次空间谐波。[65]

定子磁动势齿谐波由绕组齿谐波和磁导齿谐波两部分组成,这两类型齿谐波阶次完全相同,均可由式(1.2)表示,但产生机理却存在本质的区别,绕组齿谐波由绕组拓扑结构分布效应引起,而磁导齿谐波则由定子齿槽结构调制效应

产生。通常而言,非磁场调制式永磁电机不存在满足特定调制规律的调制极,其定子齿充当调制极,此时由调制效应产生的磁导齿谐波阶次与绕组齿谐波阶次相同,因此很难辨明这两类型的磁动势齿谐波。但在磁场调制式永磁电机中,由于调制极的调制作用,产生诸多阶次的磁导齿谐波,这些谐波满足磁场调制理论关系,亦称为调制谐波。磁场调制式永磁电机也正是利用其中某些特定高阶次的调制谐波产生低速大转矩的。对比分析分数槽集中绕组和整数槽分布绕组永磁电机的定子磁动势齿谐波,由于前者定子槽数与转子永磁体极数比较接近,因此第一阶磁动势齿谐波也更靠近基波,然而对于定子槽数与转子永磁体极数差距较大的整数槽分布绕组永磁电机而言,磁动势齿谐波对其影响很小。

除此以外,分数槽集中绕组永磁电机还存在很多与绕组排布和连接方式有关的磁动势谐波,这些谐波由于绕组排布的周期性以及绕组结构的对称性而呈现周期性的分布规律,但可通过改变绕组分布效应的低谐波设计技术有效地抑制或消除。[66-80]

1.4 改变绕组分布效应的低谐波设计技术研究现状

某一特定阶次的定子磁动势谐波与其对应的绕组因数和合成因数成正比,因此适当改变永磁电机的节距、排布方式和连接方式能够有效抑制定子磁动势谐波。国内外诸多专家学者对改变绕组拓扑结构的低谐波设计技术进行了广泛的研究,大致可归结为槽数倍增[66]、多层绕组结构[67-69]、不均等匝数绕组结构[70-71]、多相绕组相移[72-76]以及 Y-Δ 混合连接绕组结构[77-80]五类。文献[66]以表贴式 9 槽 8 极分数槽集中绕组永磁电机为例,通过定子槽数偶数倍倍增的方式来减少定子磁动势谐波。遵循合成磁动势最大原则,槽数偶数倍倍增后,节距必然与定子槽数同比例增加,进而使节距因数谐波阶次按此比例放大,以实现低谐波设计的目的。但是,槽数偶数倍倍增后电机已不再属于集中绕组结构,这意味着分数槽集中绕组永磁电机绕组端部短和相间独立性高的优点将不复存在,因此该方法不宜用于永磁容错电机。随后,美国马凯特大学 A. M.

EL-Refaie 教授团队开展了多层绕组结构减少定子磁动势谐波机理的研究，图 1.5 展示了不同层数绕组内置式分数槽集中绕组永磁电机。[67] 研究表明，多层绕组结构使得能够串联在一起组成一个线圈组的线圈数发生变化，改变了线圈组内各线圈排布方式，进而减少了某些特定阶次的定子磁动势谐波。研究还表明，在转速较高的情况下，多层绕组结构能够显著提高永磁电机的效率。然而，这种低谐波设计技术使得不同相线圈组频繁地嵌放于同一槽内，极大地增加了电机相间故障的风险。因此，除单层绕组和双层绕组外，多层绕组结构的低谐波设计技术亦不适用于永磁容错电机。

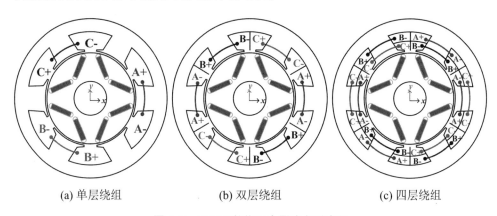

(a) 单层绕组   (b) 双层绕组   (c) 四层绕组

图 1.5   不同层数绕组内置式永磁电机

为不牺牲分数槽集中绕组结构高相间独立性的优点，德国慕尼黑联邦国防大学 G. Dajaku 教授团队提出了一种不均等匝数绕组结构[70]，如图 1.6 所示。该结构的显著特征是，每个线圈出线端均分置电机端部两侧，相邻两槽内嵌放的导体数不同且匝数差 (n_2-n_1) 恒为 1。研究表明，匝数比值决定了其定子磁动势谐波的抑制效果，证实了当匝数比 $n_1/n_2=0.87$ 时，定子磁动势谐波抑制效果最佳的结论。由此可知，若要获得显著的谐波抑制效果，该低谐波设计技术对绕组匝数的选取要求很高，而且绕组出线端分置在电机端部两侧，绕组结构与其端部接线复杂程度均有所增加。

多相绕组和多套绕组结构无论在控制鲁棒性还是带故障容错运行能力方面，均具有传统三相绕组结构无可比拟的优势。目前，有关多相绕组的研究大多集中于五相永磁电机的容错设计和容错控制两个方面，以江苏大学赵文祥教授团队的研究较为典型。多套绕组结构相移方式与其磁动势谐波消除规律的

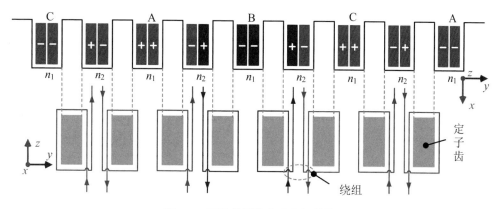

图1.6 不均等匝数集中绕组结构

研究较具代表性的为英国谢菲尔德大学 J. B. Wang 教授团队,他们将此方面的研究系统性地从单三相过渡到双三相,再到三三相,为利用相移技术实现分数槽集中绕组永磁电机低谐波设计提供了坚实的理论基础。图 1.7 所示为研究采用的三三相永磁电机绕组结构。如图可见,相较于所熟知的双三相绕组永磁电机,三三相绕组永磁电机的绕组结构更为复杂且其间相移方式也更为多样化。文献[74]研究了三三相绕组结构不同相移角与磁动势谐波间特定关系。研究表明,若每套三相绕组独立控制,当 $K+1$ 套与第 K 套绕组正、反向旋转的磁动势谐波相位差满足式(1.3)时,v 次磁动势谐波即被消除。

$$\begin{cases} \theta_{fw} = \beta_{(k+1)v} - \beta_{kv} + \alpha_{shift} = \pm \dfrac{2\pi}{K} + q_f 2\pi, \quad q_f \in \mathbf{Z} \\ \theta_{bw} = \beta_{(k+1)v} - \beta_{kv} - \alpha_{shift} = \pm \dfrac{2\pi}{K} + q_b 2\pi, \quad q_b \in \mathbf{Z} \end{cases} \tag{1.3}$$

式中,θ_{fw},θ_{bw} 分别表示两套绕组正、反向旋转磁动势谐波相位差,$\beta_{(k+1)v}$,β_{kv} 分别为第 $K+1$ 套和第 K 套绕组 v 次磁动势谐波相位角,α_{shift} 为相移角,K 为三相绕组套数。

在不牺牲分数槽集中绕组永磁电机相间独立性的前提下,多相绕组和多套绕组结构不仅能够有效抑制某些特定阶次的磁动势谐波,而且能够增加驱动控制部分自由度,是永磁容错电机较佳的选取对象。然而,考虑到相数过多会大幅增加驱动控制部分复杂程度以及电力电子器件功率损耗两方面因素,永磁容错电机以五相、六相及九相绕组结构为较佳选择。

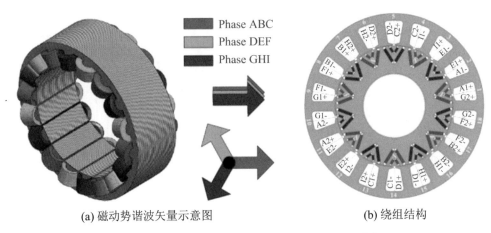

(a) 磁动势谐波矢量示意图   (b) 绕组结构

图 1.7　18 槽 14 极三三相绕组内置式永磁电机[74]

　　Y-Δ 混合连接绕组结构的研究始于 1918 年,最早被应用于感应电机来提高基波绕组因数,进而提升其效率和功率密度。与多套绕组间相移方式不同的是,Y-Δ 混合连接绕组结构属于同一相绕组不同线圈组内的相移方式,这由星形连接绕组和三角形连接绕组间特定时空关系决定的。此后,清华大学赵争鸣教授团队同样以高压感应电机为例,系统地开展了不同类型 Y-Δ 混合连接绕组拓扑结构方式与其空间谐波消除规律的研究,图 1.8 展示了研究采用的 Y-Δ 混合连接绕组拓扑结构与高压感应电机工程样机实物图。研究表明,通过优化星形连接绕组和三角形连接绕组匝数比值,能够有效抑制某些特定分量的定子磁动势谐波。[78]基于上述磁动势谐波的消除思路,Y-Δ 混合连接绕组结构逐渐被用于分数槽集中绕组永磁电机,以抑制其丰富的磁动势谐波。[79-80]文献[79]在原分数槽集中绕组永磁电机的基础上,通过增加 $k_n \times m$(k_n 为线圈组数,m 为相数)个定子槽,并基于 Y-Δ 混合连接绕组的结构特征,提出了一种新型的低谐波设计方法。该方法与上述所提到的槽数偶数倍倍增方法类似,但其巧妙地将槽数偶数倍倍增技术与 Y-Δ 混合连接绕组结构相结合,实现了某些特定分量定子磁动势谐波的抑制。但是,这种 Y-Δ 混合连接绕组低谐波设计方法降低了基波绕组因数,这与高效、高功率密度永磁容错电机的设计初衷相背离。文献[80]以三相 12 槽 10 极和五相 20 槽 18 极分数槽集中绕组永磁电机为例,研究了采用 Y-Δ 混合连接时,两套绕组电流与匝数间所满足的特定关系,证实了该新型绕组结构磁动势谐波的消除效果。然而,对于能够采用 Y-Δ 混合连

接绕组结构的永磁电机相数与槽极配合间适配规律,以及磁动势谐波消除普遍
原理尚未在当前的研究中阐明。

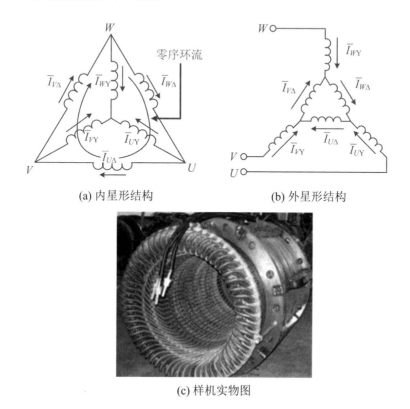

(a) 内星形结构　　　　　　　　　　　(b) 外星形结构

(c) 样机实物图

图 1.8　感应电机 Y-Δ 混合连接绕组拓扑结构与高压感应电机工程样机实物图[78]

1.5　改变定转子齿槽结构的低谐波设计研究现状

美国威斯康星大学 T. M. Jahns 教授团队以"V"形内置式分数槽集中绕
组永磁电机为研究对象,通过在其转子交、直轴适当位置设计磁障,来限制低阶
次电枢反应磁场谐波,进而抑制转子涡流损耗。[81] 图 1.9(a) 呈现了研究所设计
的交、直轴磁障内置式永磁电机模型。研究表明,转子磁障结构能够抑制低阶
次电枢反应磁场谐波,其中直轴磁障几乎不影响电机的永磁磁场,但却对转子
机械强度与完整性提出了巨大的挑战。相反地,交轴磁障会对电机的永磁磁场

产生很大的影响,而对转子机械强度的影响相对较小。随后,这种转子磁障的低谐波设计技术被应用于容错式磁通切换电机[82-83],同样用来降低由低阶次电枢反应磁场谐波引起的转子损耗,其交、直轴磁障结构如图1.9(b)所示。文献[84]基于脉冲宽度调制理论,在转子铁心表面设计满足 PWM 规律的磁障阵列,修正了各次电枢反应磁场谐波路径,降低了某些非正弦气隙磁密谐波分量,有效地限制了电机的转子涡流损耗。但是,该方法气隙等效磁阻大导致电磁转矩跌落严重,并非为永磁容错电机理想的低谐波技术方案。

　　综上所述,无论应用于何种类型的分数槽集中绕组永磁电机,转子磁障结构的低谐波设计技术均需遵循一个特定的原则,即在尽量不影响永磁磁场的前提下,最大限度地抑制电枢反应磁场谐波。但从对整个电机机械强度的影响来看,磁障结构的低谐波设计技术难免会引起转子机械强度的下降,尤其是直轴磁障结构。因此,该类型低谐波设计技术需兼顾磁障对电枢反应磁场谐波的抑制效果以及对转子机械结构的影响。

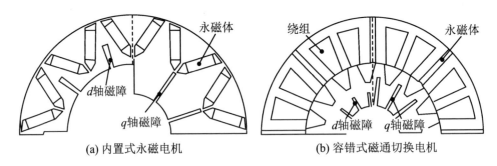

(a) 内置式永磁电机　　　　　　　　(b) 容错式磁通切换电机

图 1.9　永磁电机转子磁障结构

　　2012 年,G. Dajaku 和 D. Gerling 等学者提出一种新型定子磁障结构,显著特征为在其定子轭部适当位置引入磁障,以限制低阶次具备长磁路特征的电枢反应磁场谐波。[85]图1.10为研究采用的12 槽10 极模块化分数槽集中绕组永磁电机模型与其样机实物图。研究表明,定子磁障结构亦能够有效抑制低阶次电枢反应磁场谐波,而其工作次谐波和其他高阶次电枢反应磁场谐波几乎不受影响。但是,定子磁障结构极大地增加了永磁磁场路径的磁阻,致使电机永磁磁场大幅下降,严重影响转矩输出能力,功率密度难以提升。除此以外,定子磁障的引入使得定子轭部极易饱和,尤其是电负荷较大的永磁电机或是负载转矩较大的应用场合。上述两方面致命因素使定子磁障结构低谐波设计方法极少应用于高效高功率密度永磁容错电机领域。

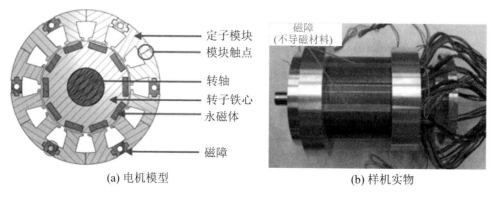

(a) 电机模型　　　　　　　　　(b) 样机实物

图 1.10　定子磁障分数槽集中绕组永磁电机[85]

随着对分数槽集中绕组永磁电机空间谐波研究的不断深入,广大学者开始从定子齿槽结构层面入手,探究其低谐波设计方法。2002 年,法国学者 P. Viarouge 和 J. Cros 首次提出了不规则齿槽结构并将其应用于分数槽集中绕组永磁电机,旨在改善空载反电势波形正弦度以及齿槽转矩[86],但未对这种不规则齿槽结构进行理论层面的分析,也未提及它们在抑制磁动势谐波方面相关的研究。随后,英国谢菲尔德大学 Z. Q. Zhu 教授团队对这种采用不规则齿槽结构的永磁电机进行了系统的研究,图 1.11 展示了该 12 槽 10 极不规则齿槽永磁电机模型与其样机实物图。[87-88]理论解析和有限元仿真研究表明,当该类型永磁电机的电枢齿所对应槽距角(后续通称为电枢齿槽距角)近似等于一个极距时,能够有效提高其转矩密度,减小转矩脉动。目前,对这种不规则齿槽结构的研究仍主要集中在转矩性能的改善方面,与传统规则齿槽结构在磁动势谐波方面的对比分析鲜有相关报道。

不规则齿槽结构仅适用于单层分数槽集中绕组永磁电机,其显著特征是,电枢齿和非电枢齿所对应的槽距角不同。根据节距因数的定义[89],改变电枢齿槽距角可改变各次空间谐波的节距因数,进而引起磁动势谐波的变化。文献[90]对分数槽集中绕组永磁电机低谐波设计技术进行了较为详尽的综述,并对不规则齿槽结构永磁电机的磁动势谐波展开了分析。图 1.12(a)呈现了 12 槽 10 极单层分数槽集中绕组永磁电机主要次磁动势谐波随电枢齿槽距角变化关系,并展示了两种不同定子齿槽结构的永磁电机。研究表明,各次磁动势谐波随电枢齿槽距角的增加变化趋势不同,其中 1 次谐波和 7 次齿谐波变化趋势相

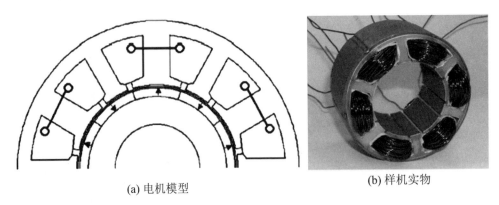

(a) 电机模型　　　　　　　　　　(b) 样机实物

图 1.11　不规则齿槽分数槽集中绕组永磁电机[87]

反,若要保证较高的第 5 阶工作次谐波,齿谐波幅值的降低必定导致次谐波幅值的增加。因此,这种仅适用于单层绕组的不规则齿槽结构低谐波设计技术并未在永磁容错方面取得广泛的应用。

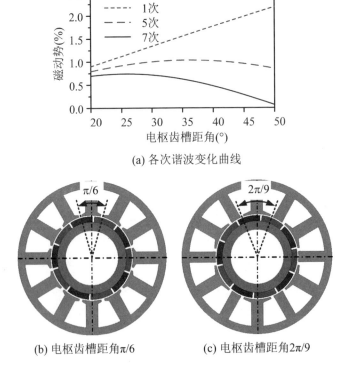

(a) 各次谐波变化曲线

(b) 电枢齿槽距角π/6　　　　　(c) 电枢齿槽距角2π/9

图 1.12　磁动势谐波随电枢齿槽距角变化关系和两种不同定子齿槽结构的永磁电机[90]

1.6　永磁电机最大效率点和高效率区研究现状

效率是永磁电机系统至关重要的性能指标参数,效率云图直接表征了电机在整个工况区间内最大效率点与高效率区的分布情况,为电机系统高效率运行及负载匹配提供了理论依据。目前,对永磁电机最大效率点和高效率区的研究主要集中在额定点效率提升、有限数据下效率云图评估以及特定高效率区调节等方面。[91-98]文献[91]以电动汽车用内置式磁通切换永磁记忆电机为例,通过改变永磁体磁化方向,以降低转速区穿过铁心的磁密和铁心损耗,进而提升其额定点电磁效率。这种方法以牺牲永磁体利用率为代价,存在较大的局限性。在不考虑更换铁心材料的前提下,目前仍未报道有效的铁心损耗抑制方法。通常而言,涡流损耗由导体切割不同步旋转的空间谐波磁场产生,组成分量单一,分段是减小涡流损耗最常用且最有效的方法。文献[93]利用分区子域模型,通过求解贝塞尔函数,计算了考虑谐波透入深度时转子涡流损耗,为永磁电机涡流损耗的定量评估提供了理论基础。文献[94]通过解析计算的方法开展了不对称分段对永磁体涡流损耗影响的研究。结果表明,永磁体对称分段时可获得较佳的涡流损耗抑制效果。上述这些方法均是通过减少永磁电机某些部分电磁损耗,来提高其额定点效率的。然而,在保证总损耗恒定时,永磁电机最大效率点与特定高效率区随损耗分布变化的映射关系鲜有报道。

A. Mahmoudi 和 W. L. Soong 等学者提出了一种新颖的永磁电机效率建模方法,该方法通过采用 $k_{mn}T^m\omega^n$(其中,k_{mn} 为非负常系数,m 和 n 为正整数)的形式构建永磁电机铜耗、铁心损耗和涡流损耗与其转矩转速间定量关系,以实现其效率云图的快速计算。[95-96]图 1.13 展示了利用该建模方法所计算的损耗云图和效率云图。如图所示,通过提出的建模方法,能够实现永磁电机效率云图的快速计算。但是,该方法在计算过程中,默认铁心损耗随转速的平方变化而不受负载转矩的影响,且未考虑空载涡流损耗的影响,计算误差相对较大。文献[97]提出了一个给定驱动周期内,永磁电机高效率区调节方法,该方法通过建立额定工况点与周围四个代表工况点功率、电磁转矩、损耗间的关系,并优化匹配这些工况点损耗分布,以使永磁电机高效率区移至理想区域。该方法仅定性分析了高效率区与特定工况点损耗间关系,并未系统阐明损耗分布与其最大效率和特定高效率区的定量关系。

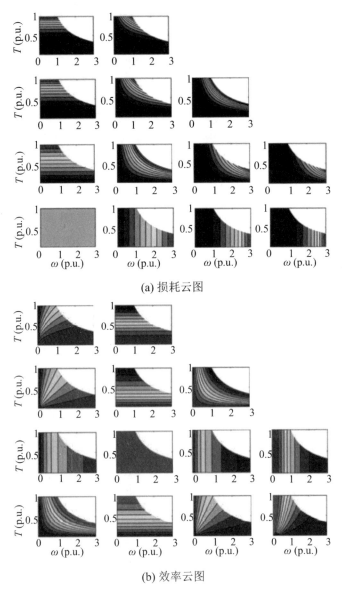

(a) 损耗云图

(b) 效率云图

图 1. 13　效率云图快速计算[95]

目前,关于永磁电机最大效率点与高效率区定量研究的报道仍然很少,主要是因为永磁电机铁心损耗由于产生机理、不均匀磁场分布特征以及受旋转磁化分量等因素的影响,很难以其转矩转速定量表示,给永磁电机效率函数构建带来极大的挑战。此外,对于交、直轴电感差值较大的内置式永磁电机,其电磁转矩中含有较大分量的磁阻转矩,通常需要采用弱磁控制方式最大化其调速范围,或者通过最大转速电流比控制方式最大化其输出转矩[98-99],这种情况下各部分损耗与相应工况点转矩和转速间关系更为复杂。

第 2 章　永磁容错电机空间谐波分析

由于采用分数槽集中绕组结构,永磁容错电机呈现出绕组端部短、结构紧凑、反电势波形正弦、齿槽转矩小、弱磁能力强和容错性能高等诸多优点。然而,丰富的空间谐波是限制其在永磁容错领域内拓展应用最主要的因素,因此,开展永磁容错电机低谐波设计意义重大。分数槽集中绕组永磁电机空间谐波分析是永磁容错电机低谐波设计的基础,鉴于此,本章将开展分数槽集中绕组永磁电机空间谐波分析相关的研究。首先,基于分数槽集中绕组结构,从槽极配合关系、分布效应、绕组函数与磁动势和反电势关系三个方面入手,剖析分数槽集中绕组永磁电机的结构特征。然后,提出槽极配合归一化有序数对概念,并在此基础上推导其相绕组磁动势统一计算方法。最后,探究多套对称正 m 相绕组结构特点与相移规律,揭示合成磁动势谐波与绕组相移间内在关系。

2.1　绕组结构特征

2.1.1　槽极配合关系

假设永磁电机槽数为 N_s,永磁体极对数为 p_r,相数为 m,则每极每相槽数可表示为

$$q = \frac{N_s}{2mp_r} = \frac{Q}{D} \tag{2.1}$$

式中,Q 和 D 为没有公约数的正整数,当 q 为分数且绕组节距为 1 时,称为分

数槽集中绕组。这里,Q 具有特定的含义,表示能够串联在一起组成一个线圈组的线圈数。[100] 遵循合成磁动势最大原则,分数槽集中绕组多用于槽极数比较接近,且满足特定槽极配合关系的永磁电机。此外,定义每相绕组所包含的线圈数 N_{coil} 为

$$N_{coil} = \frac{N_{Layer}}{2} \frac{N_s}{m} = k_L \frac{N_s}{m} \qquad (2.2)$$

式中,N_{Layer} 为绕组层数,本书为容错电机研究主题,仅考虑单层和双层绕组的情况;k_L 可由 $N_{Layer}/2$ 计算得到。为系统开展分数槽集中绕组永磁电机槽极配合特征研究,引入单元电机和基本单元电机的概念,单元电机是组成原电机的最小单元,原电机通常由一个或者多个相同的单元电机组成。原电机中单元电机数 t 可表示为

$$t = GCD(N_s, p_r) \qquad (2.3)$$

式中,$GCD(N_s, p_r)$ 为槽数和极对数的最大公约数。显然,当 $t=1$ 时,原电机与其单元电机相同;当 $t \geqslant 2$ 时,单元电机槽数 Z_0 与其极对数 p_0 可分别表示为 $Z_0 = N_s/t$ 和 $p_0 = p_r/t$。单元电机槽数 Z_0、极对数 p_0 及相数 m 间需满足以下约束条件[101-103]:

(1) 考虑到相绕组间对称性,每相需均分相同数量的槽数,因此 Z_0/m 为整数;

(2) 由于 Z_0/p_0 为真分数,因此 p_0/m 不为整数,即 p_0 不能是 m 的倍数;

(3) 由于每相绕组所包含的线圈数 N_{coil} 为整数,故当 tZ_0/m 为奇数时,只能采用双层绕组,当 tZ_0/m 为偶数时,既可采用单层绕组也可采用双层绕组。

分数槽集中绕组永磁电机槽极配合 (N_s, p_r) 可统一表示为

$$\{(N_s, p_r) \mid tZ_0 = t(2p_0) \pm \kappa, t=1\} \bigcup \{(N_s, p_r) \mid t(Z_0, 2p_0), t \geqslant 2\} \qquad (2.4)$$

式中,κ 为正整数且存在如下限制条件:

(1) 为使绕组因数不小于 0.866,κ 不超过每相绕组所占有的槽数,即 $\kappa \leqslant N_s/m$;

(2) 为使 m 相绕组对称,$\kappa \neq km(k = \mathbf{N}_+)$。

式(2.4)中,前一项表示单元电机槽极配合关系,后一项为非单元电机槽极配合关系,这两部分集合共同组成了分数槽集中绕组永磁电机槽极配合的全集。特

别强调的是,将满足式(2.5)槽极配合关系的单元电机称为基本单元电机。

$$\begin{cases} Z_0 = 2p_0 \pm 1, & N_{coil} \text{ 为奇数} \\ Z_0 = 2p_0 \pm 2, & N_{coil} \text{ 为偶数且 } Q \text{ 为偶数} \\ Z_0 = 2p_0 \pm 4, & N_{coil} \text{ 为偶数且 } Q \text{ 为奇数} \end{cases} \tag{2.5}$$

由此可见,基本单元电机槽极配合根据 N_{coil} 和 Q 的奇偶分为三类,每种类型均具有其特定的绕组配合关系。基本单元电机有两个鲜明的特征,一方面,在同槽数或者同极数单元电机中,绕组因数最大,这使其成为高效率、高功率密度永磁容错电机的优先选取对象;另一方面,基本单元电机绕组结构形式具有集中性和规律性的特点,这为统一计算绕组磁动势奠定了基础。非单元电机空间磁动势谐波与其对应单元电机空间磁动势谐波存在明确的关系,因此,单元电机是永磁容错电机空间谐波研究的基础。[104-106]

　　表 2.1 和表 2.2 分别列出了 30 槽内基波绕组因数不小于 0.866,且槽数大于极数的三相集中绕组单元电机槽极配合,与其采用双层绕组时所对应的绕组因数。表中加粗字体表示单元电机槽极配合,加粗字体组合下划线表示基本单元电机槽极配合,常规字体表示非单元电机槽极配合,常规字体组合删除线表示非对称绕组电机槽极配合。

表 2.1　三相分数槽集中绕组永磁电机槽极配合

$2p_r$ \ N_s	3	6	9	12	15	18	21	24	27	30
2	**3/2**									
4		6/4								
6			9/6							
8			**9/8**	12/8						
10				**12/10**	15/10					
12				~~15/12~~	18/12					
14					**15/14**	**18/14**	21/14			
16						18/16	**21/16**	24/16		
18						~~21/18~~	~~24/18~~	27/18		
20							**21/20**	24/20	27/20	30/20
22								**24/22**	**27/22**	**30/22**
24									27/24	~~30/24~~
26									**27/26**	**30/26**
28										30/28

表 2.2　三相分数槽集中绕组永磁电机绕组因数(双层绕组)

N_s \ $2p_r$	3	6	9	12	15	18	21	24	27	30
2	**0.866**									
4		0.866								
6			0.866							
8			**0.945**	0.866						
10				**0.933**	0.866					
12					~~15/12~~	0.866				
14					**0.951**	**0.902**	0.866			
16						0.945	**0.890**	0.866		
18							~~21/18~~	~~24/18~~	0.866	
20							**0.953**	0.933	**0.877**	0.866
22								**0.950**	**0.915**	**0.874**
24									0.945	~~30/24~~
26									**0.954**	**0.936**
28										0.951

如表可见,当槽数为奇数,亦即 N_{coil} 为奇数时,基本单元电机槽极数间满足 $Z_0 = 2p_0 \pm 1$ 的关系,且在同槽数或者同极数单元电机中,绕组因数最大。12 槽和 24 槽基本单元电机(N_{coil} 为偶数且 Q 为偶数)槽极数满足 $Z_0 = 2p_0 \pm 2$ 的关系,而 18 槽和 30 槽基本单元电机(N_{coil} 为偶数而 Q 为奇数)槽极数则满足 $Z_0 = 2p_0 \pm 4$ 的关系,同样地,这两类型基本单元电机的绕组因数也是同槽数或者同极数单元电机中最大的。除此以外,还可以从表 2.2 看出,三相分数槽集中绕组永磁电机采用双层绕组时,$2p_r/N_s$ 值越小,对应的绕组因数越大。当 $2p_r/N_s$ 的值相同时,不同槽极配合永磁电机绕组因数恒相同,也就是说,非单元电机绕组因数与其对应单元电机绕组因数相同,例如 3/2,6/4,9/6,…绕组因数均为 0.866,9/8,18/16 和 27/24 绕组因数均为 0.945。

图 2.1 分别展示了上述三种基本单元电机槽极配合典型代表的一相绕组排布及端部连接示意图,其中包括 21 槽 20 极、24 槽 22 极与 42 槽 38 极基本单

元电机。如图可见,对于 21 槽 20 极基本单元电机,A 相的 7 个线圈连续排布形成一个线圈组,此时,该相的线圈组即为其相绕组;而 24 槽 22 极基本单元电机 A 相绕组由两个线圈数量相同的线圈组组成,同一个线圈组内各线圈连续排布。这两个线圈组空间相差 12 个槽距,亦即 π 空间机械角。从图 2.1(c)可以看出,42 槽 38 极基本单元电机同样由两个线圈数量相同的线圈组组成,但每个线圈组内线圈不再连续排布,其中 1-5 和 12-15 号槽为 A 相线圈,而其中 5-12 及 26-33 号槽嵌放其余相的 Q 个线圈。

综上所述,基本单元电机绕组因数高和排布方式统一的特点,不仅使其成为分数槽集中绕组永磁电机较佳的槽极配合选取对象,而且是统一计算单元电机分布因数的基础。另外,兼顾空间磁动势谐波和绕组因数两个方面因素,永磁容错电机通常选取满足 $Z_0 = 2p_0 \pm 2$ 关系的槽极配合。

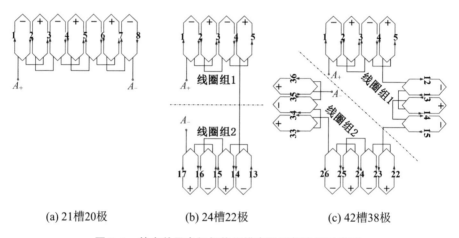

(a) 21槽20极　　　　(b) 24槽22极　　　　(c) 42槽38极

图 2.1　基本单元电机相绕组排布及端部连接示意图

2.1.2　分布效应

图 2.2 展示了 48 槽 22 极与 48 槽 46 极分数槽绕组永磁电机一相绕组各线圈与转子磁极空间相对位置,为便于展示其空间位置关系用展开图的形式呈现。如图可见,分数槽绕组永磁电机一相绕组各线圈始终处于不同转子磁极的位置,这样的分布,使得各电磁矢量间必然存在空间相位差,这种现象称为分布效应。除此以外,当采用双层绕组时,同一相绕组中各线圈可被安排为上层线圈和下层线圈,此时也会产生分布效应。一般地,当分数槽集中绕组永磁电机

采用双层绕组结构时,均存在分布效应,但当其采用 Y-Δ 混合连接方式且 $Q=2$ 时,不存在分布效应。由于存在空间相位差,Q 个电磁矢量合成时,其矢量和必然小于代数和,由此所引起的折扣即为分布因数。由于不同谐波的空间相位差不同,各次谐波的分布因数亦不相同。

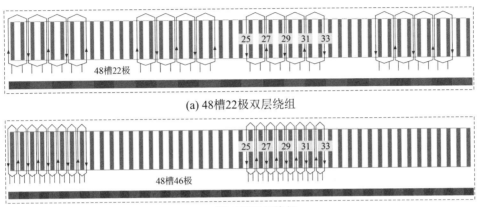

(a) 48槽22极双层绕组

(b) 48槽46极双层绕组

图 2.2 分数槽绕组永磁电机线圈与转子磁极空间位置

线圈是构成电机绕组的基本单元,从线圈出发分析绕组时,"槽矢量星形图"中每根槽矢量代表一个线圈的磁动势矢量。[104]槽矢量星形图可间接表征分布效应的大小,同时也是绕组因数计算的基础。图 2.3 分别展示了 24 槽 8 极单层、48 槽 8 极双层、48 槽 22 极双层、48 槽 46 极双层四台永磁电机的局部槽矢量星形图,当采用三相星形连接时,四台电机的基波绕组因数分别为 1,0.966,0.947,0.954。由此可见,分布效应使基波绕组因数变小,而且不同槽极配合永磁电机基波绕组因数的变化程度不同,这说明永磁电机绕组分布效应的大小与其槽极配合密切相关。

与永磁电机槽矢量有关的电磁物理量主要有空载反电势、绕组磁动势以及齿槽转矩等,然而,分布效应对这些电磁矢量产生的影响却截然不同。分布效应能够极大改善永磁电机空载反电势波形,抑制其齿槽转矩,换言之,分布效应可使绕组空间谐波对空载反电势和齿槽转矩的影响降低。然而,分布效应使得永磁电机绕组磁动势谐波增加,进而引起较大的电磁损耗。分布效应对空载反电势和绕组磁动势谐波不同影响机制来源于各自产生机理的差异,接下来从绕组函数的角度来阐明这一问题。

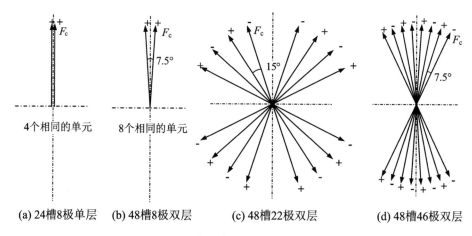

(a) 24槽8极单层　(b) 48槽8极双层　　(c) 48槽22极双层　　　(d) 48槽46极双层

图 2.3　永磁电机局部槽矢量星形图

2.1.3　绕组函数与反电势和磁动势关系

研究之前先引入匝数函数的概念,并做以下假设:

(1) 忽略槽口对绕组函数的影响;

(2) 假定槽内导体所载电流集中于槽口正中一点。

匝数函数 $N(\theta)$ 表征绕组在空间的实际分布情况。图 2.4(a)表示槽数为 Z_0 的分数槽集中绕组单元电机单个线圈示意图,与其对应的匝数空间分布波如图 2.4(b)所示,图中 N_{turn} 表示单个线圈的匝数。

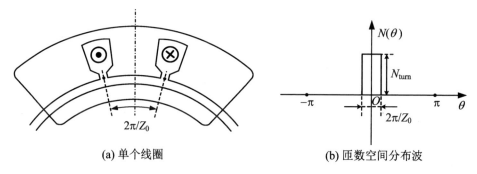

(a) 单个线圈　　　　　　　　　(b) 匝数空间分布波

图 2.4　单个线圈示意图

将图 2.4(b)所示的匝数空间分布波进行傅里叶分解,可得单个线圈的匝数函数为

$$N_{\mathrm{c}}(\theta) = \frac{N_{\mathrm{turn}}}{Z_0} + \sum_{v=1}^{\infty} \left(\frac{2N_{\mathrm{turn}}}{v\pi} k_{\mathrm{pf}v} \right) \cos(v\theta) \tag{2.6}$$

式中，v 为谐波阶次，θ 为空间位置角，$k_{\mathrm{pf}v}$ 表示 v 次谐波的节距因数，可表示为

$$k_{\mathrm{pf}v} = \sin\left(\frac{v\pi}{Z_0} \right) \tag{2.7}$$

单个线圈形成线圈组的过程中，Q 个线圈按照 2.2.2 节所呈现的三种绕组排布规律放置，此过程将引入分布因数 $k_{\mathrm{df}v}$。图 2.5 所示为三种不同绕组排布规律下各线圈匝数函数空间分布波。需指出的是，图中仅以双层绕组为例，且由于槽极配合的多样性，未给出一个线圈组的全部 Q 个线圈，图中 α_0 为槽距角。

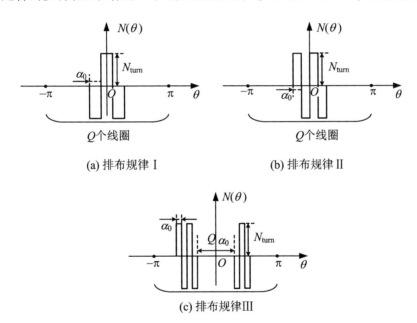

(a) 排布规律 Ⅰ　　　　　　　　　(b) 排布规律 Ⅱ

(c) 排布规律Ⅲ

图 2.5　不同排布规律线圈组匝数空间分布波

对图 2.5 所展示的匝数空间分布波进行傅里叶分解，得出的线圈组的匝数函数为

$$N_{\mathrm{cg}}(\theta) = \begin{cases} (-1)^{\frac{Q-1}{2}} \dfrac{N_{\mathrm{turn}}}{Z_0} + \displaystyle\sum_{v=1}^{\infty} \left(\dfrac{2N_{\mathrm{turn}}}{v\pi} k_{\mathrm{wn}v} \right) \cos(v\theta), & N_{\mathrm{coil}} \text{ 为奇数} \\[3mm] \displaystyle\sum_{v=1}^{\infty} \left(\dfrac{2N_{\mathrm{turn}}}{v\pi} k_{\mathrm{wn}v} \right) \cos\left(v\theta - \dfrac{\pi}{2}\right), & N_{\mathrm{coil}} \text{ 为偶数且 } Q \text{ 为偶数} \\[3mm] (-1)^{\frac{Q'-1}{2}} \dfrac{N_{\mathrm{turn}}}{Z_0} + \displaystyle\sum_{v=1}^{\infty} \left(\dfrac{2N_{\mathrm{turn}}}{v\pi} k_{\mathrm{wn}v} \right) \cos(v\theta + \theta_{\mathrm{cg}v}), & N_{\mathrm{coil}} \text{ 为偶数而 } Q \text{ 为奇数} \end{cases}$$

$$\tag{2.8}$$

式中,$k_{wn v}$ 为绕组因数,可由节距因数 $k_{pf v}$ 和分布因数 $k_{df v}$ 乘积获得。通常节距因数的计算较为简单,可由式(2.7)统一计算,而分布因数与绕组排布规律、绕组层数以及槽极配合多样性等因素相关,统一计算难度相对较大,本书有关分布因数普适性计算的研究将在本章 2.3 节中展开。式中,Q' 表示满足绕组排布规律 Ⅰ 的线圈数,$\theta_{cg v}$ 表示满足绕组排布规律 Ⅲ 的线圈组匝数函数 v 次谐波的位置角。

在线圈组连接成相绕组的过程中,不仅需要考虑 N_{coil} 的奇偶,还需考虑 N_{coil} 为偶数时永磁电机同一相绕组两线圈组内的相移方式,这里用线圈组合成因数 $k_{cgf v}$ 表征线圈组内相移方式与相绕组磁动势间的关系。合成后可得第 j 相绕组匝数函数为

$$N_{ph}(\theta) = \frac{N_{coil}}{Q} k_{cgf v} N_{cg}(\theta) \tag{2.9}$$

假设气隙均匀,绕组函数可由匝数函数与其在一个周期内的平均值计算得出[107-108]:

$$n(\theta) = N(\theta) - \langle N(\theta) \rangle \tag{2.10}$$

式中,$\langle N(\theta) \rangle$ 表示匝数函数的平均值,其值因 N_{coil} 的奇偶而存在差异,具体可表示为

$$\langle N(\theta) \rangle = \begin{cases} (-1)^{\frac{Q-1}{2}} \dfrac{N_{turn}}{Z_0}, & N_{coil} \text{ 为奇数} \\ 0, & N_{coil} \text{ 为偶数} \end{cases} \tag{2.11}$$

联合式(2.10)和式(2.11),得出的对称正 m 相第 j 相绕组函数统一表达式为

$$n_{ph}^j(\theta) = N_v \sum_{v=1}^{\infty} \cos\left[v\theta - vH(j-1)\frac{2\pi}{m} + \theta_{ph v} \right] \tag{2.12}$$

式中,N_v 和 $\theta_{ph v}$ 分别表示第 j 相绕组函数 v 次谐波幅值和位置角,其中幅值可写为

$$N_v = \frac{N_{coil}}{Q} \cdot \frac{2N_{turn}}{v\pi} k_{wn v} k_{cgf v} \tag{2.13}$$

此外,为确保永磁电机 p_0 阶工作次磁动势谐波为正向旋转,在式(2.12)中引入变量 H,其值由永磁体极对数以及槽数和极对数最大公约数决定[109],可表示为

$$H = \begin{cases} 1, & \dfrac{p_0}{GCD(Z_0, p_0)} = mk + 1 \quad (k \in \mathbf{Z}) \\ -1, & \dfrac{p_0}{GCD(Z_0, p_0)} = mk - 1 \quad (k \in \mathbf{Z}) \end{cases} \tag{2.14}$$

假设永磁电机由对称 m 相正弦电流激励,其第 j 相绕组电流函数 $i^j(t)$ 可表示为

$$i^j(t)=I_m\cos\left[p_0\omega t-(j-1)\frac{2\pi}{m}+\gamma_d\right] \tag{2.15}$$

式中,I_m 为定子电枢电流幅值,ω 表示转子机械角速度,t 为时间,γ_d 表示电流矢量与转子 d 轴间的相位角。根据绕组函数与电流函数的乘积建立绕组磁动势,结合式(2.12)和式(2.15),推导出的对称正 m 相永磁电机第 j 相绕组磁动势为

$$F_{ph}^j(\theta,t)=F_{ph\upsilon}\sum_{\upsilon=1}^{\infty}\cos\left[\upsilon\theta\pm p_0\omega t-(j-1)\frac{2\pi}{m}(\upsilon H\pm1)+\beta_{ph\upsilon}\right] \tag{2.16}$$

式中,$F_{ph\upsilon}$ 和 $\beta_{ph\upsilon}$ 分别表示第 j 相绕组磁动势 υ 次谐波幅值和相位角,可分别表示为

$$F_{ph\upsilon}=I_mN_\upsilon,\quad \beta_{ph\upsilon}=\frac{\theta_{ph\upsilon}\pm\gamma_d}{2} \tag{2.17}$$

式中,$\upsilon\theta\pm p_0\omega t$ 中"$-$"和"$+$"分别表示正、反向旋转的磁动势谐波。

从式(2.15)可以看出,由于电流函数仅为关于时间的函数,绕组磁动势建立过程并不会引入除绕组函数谐波外的其余空间谐波,电流函数在磁动势建立过程中仅起放大磁动势谐波幅值的作用。然而,分布效应使绕组函数谐波增多,且各次磁动势空间谐波幅值随电枢电流幅值的倍数增加。换言之,电流函数在磁动势建立过程中仅起放大绕组函数谐波幅值的作用,分布效应使绕组函数谐波含量越多,电流函数对其放大作用就越明显。分布效应使得绕组函数谐波阶次增多,加之电流函数的放大作用,致使分数槽集中绕组永磁电机磁动势谐波增大。

假设 p_0 对极的永磁电机为隐极式转子结构,且其转子 d 轴位置与对称正 m 相绕组第 j 相绕组轴线重合,则其空载气隙磁密可表示为

$$b(\theta,t)=B_{kp_0}\sum_{k=1,3,5,\cdots}\cos kp_0(\theta-\omega t) \tag{2.18}$$

式中,B_{kp_0} 表示第 kp_0 次空载气隙磁密谐波幅值。根据空载反电势、绕组函数与气隙磁密三者间关系,将绕组函数与气隙磁密函数的乘积进行积分产生磁链,再将磁链函数对时间求导可得其空载反电势。[110]

根据下式所述积分性质:

$$\int_0^{2\pi}\cos(i\theta+\alpha)\cdot\cos(j\theta+\beta)\,\mathrm{d}\theta=\begin{cases}0, & i\neq\pm j\\ \pi\cos(\alpha m\beta), & i=\pm j\end{cases} \tag{2.19}$$

可得第 j 相绕组的空载反电势为

$$e^j(\theta,t)=\frac{lD_i}{2}\frac{\mathrm{d}\left[\int_0^{2\pi}n_{\mathrm{ph}}^j(\theta)\cdot b_{kp_0}(\theta,t)\mathrm{d}\theta\right]}{\mathrm{d}t}$$

$$=\frac{lD_iN_{\mathrm{coil}}N_{\mathrm{turn}}\omega}{Q}\sum_{k=1,3,5,\cdots}\sum_{v=kp_0}^{\infty}k_{\mathrm{wnv}}k_{\mathrm{cgfv}}B_{kp_0}\sin\left[vH(j-1)\frac{2\pi}{m}-\beta_{\mathrm{phv}}-kp_0\omega t\right]$$

$$(2.20)$$

式中,D_i 和 l 分别表示电机靠近气隙侧的电枢直径与其有效部分长度。从式 (2.20)可以看出,空载反电势第 k 次谐波由 kp_0 阶次的空载气隙磁密谐波与 v $=kp_0$ 阶次的绕组因数谐波产生,显然,同阶次绕组因数谐波与空载气隙磁密 谐波数量越多,空载反电势谐波含量亦越多。图 2.6 展示了 24 槽 8 极整数槽 与 48 槽 46 极分数槽绕组永磁电机的绕组因数与空载气隙磁密谐波频谱。由 于空载气隙磁密谐波幅值跟永磁体形状、转子结构类型等因素相关,图中仅象

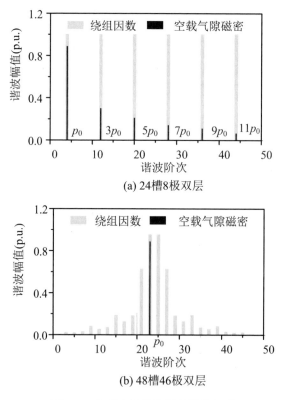

(a) 24槽8极双层

(b) 48槽46极双层

图 2.6　永磁电机绕组因数谐波频谱

征性地呈现了其谐波阶次。如图可见，分数槽绕组永磁电机中同阶次的绕组因数谐波与空载气隙磁密谐波数量减少，使其空载反电势谐波幅值降低，进而极大地改善了其空载反电势波形。

综上所述，分数槽集中绕组结构对永磁电机空载反电势和绕组磁动势呈现了不同的影响机制，尽管能够改善空载反电势波形的正弦度，但其丰富的空间磁动势谐波不容忽视。探究分数槽集中绕组永磁电机磁动势普适性计算方法与其谐波分布规律，是针对性开展永磁容错电机低谐波设计的基础。

2.2　相绕组磁动势谐波

由 2.1.3 节分析可知，永磁电机 v 次相绕组磁动势谐波幅值可统一表示为

$$F_{\mathrm{ph}v} = \frac{N_{\mathrm{coil}}}{Q} \cdot \frac{2I_{\mathrm{m}}N_{\mathrm{turn}}}{v\pi} k_{\mathrm{w}nv} k_{\mathrm{cgf}v} \propto \frac{k_{\mathrm{w}nv} k_{\mathrm{cgf}v}}{v} \tag{2.21}$$

可见，v 次磁动势谐波幅值与其绕组因数、线圈组合成因数成正比，与其阶次成反比。节距因数可由式(2.7)统一计算，但分布因数由于槽极配合的多样性，计算形式难以统一。本章提出了槽极配合归一化有序数对的概念，通过建立单元电机与其基本单元电机绕组排布方式之间的联系，推导分布因数的统一计算式，探究其绕组因数谐波分布规律。

2.2.1　槽极配合归一化有序数对

任一槽极配合为 $Z_0/2p_1$ 的单元电机总存在一组有序数对 (g,h)，使其槽极数间恒满足 $gZ_0 = h(2p_1) \pm \kappa (\kappa = 1,2,4$ 且 $g \neq h \neq 1)$ 的关系，且与满足 $Z_0 = 2p_0 \pm \kappa$ 关系的基本单元电机呈现相同的绕组排布形式。这可由空间向量基底的概念来解释，假设 i 和 j 为平面内一组向量基，模长 $|i|$ 和 $|j|$ 分别为 Z_0 和 $2p_0$，且满足 $||i| - |j|| = \kappa (\kappa = 1,2,4)$；平面内另一组向量基 m 和 n，模长 $|m|$ 和 $|n|$ 分别为 Z_0 和 $2p_1$，且满足 $||m| - |n|| = \kappa (\kappa \neq 1,2,4$ 且 $\kappa \neq mk)$ 的关系。根据空间向量基性质可知，必然存在实数对 (g,h) 使得两组向量基模长满足 $|g|m| - h|n|| = ||i| - |j||$ 的关系。这里将有序数对 (g,h) 命名为槽极配合

归一化有序数对,旨在联系任一单元电机与其对应基本单元电机绕组排布方式,统一分数槽集中绕组永磁电机分布因数计算方法。引入槽极配合归一化有序数对后单元电机槽极数间关系可统一表示为

$$gZ_0 = h(2p_0) \pm \kappa \quad (\kappa = 1,2,4) \tag{2.22}$$

显然,当 $g = h = 1$ 时为基本单元电机槽极配合,有序数对 (g,h) 需遵循以下条件:

(1) g 和 h 为正整数且需按特定的槽极配合关系迭代求取;

(2) 为保证单元电机绕组排布方式与其对应基本单元电机相同,g 必须为奇数;

(3) 由于存在周期性,满足式关系的槽极配合归一化有序数对很多,计算分布因数时需选取 g 值最小的一组。

为进一步阐明所提出的槽极配合归一化有序数对的概念与其引入的必要性,以 27 槽 26 极基本单元电机和 27 槽 20 极单元电机为例来具体说明。图 2.7 展示了两台永磁电机三相绕组分布与其一相绕组槽矢量星形图,如图可见,27 槽 26 极基本单元电机一相绕组的所有线圈规律性地集中分布于 $2\pi/3$ 区间内,相绕组槽矢量合成形式统一。27 槽 20 极单元电机一相绕组遍布于整个 2π 区间,相绕组槽矢量合成形式相对复杂,而且不同槽极配合单元结构复杂多变,相绕组排布规律难以统一。

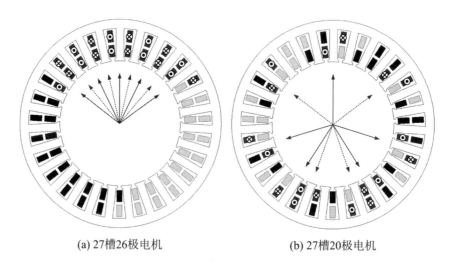

(a) 27槽26极电机   (b) 27槽20极电机

图 2.7   27 槽单元电机绕组分布与相绕组槽矢量星形图

引入槽极配合归一化有序数对后,可使 27 槽 20 极单元电机与其对应的基本单元电机间发生联系。图 2.8 展示了 27 槽 20 极单元电机在引入有序数对 ($g=3,h=4$) 后,在空间所形成的虚拟 27 槽 20 极单元电机定子拓扑结构与一相绕组槽矢量星形图,图中三维螺旋形结构是为了呈现 27 槽 20 极单元电机槽数增加三倍后绕组空间分布的效果。如图可见,引入有序数对后,27 槽 20 极单元电机绕组分布在空间上呈现出了类似于 27 槽 26 极基本单元电机规律性集中分布的特点,其区别体现在相邻线圈间距与一相线圈组所占据的区间大小。从其对应的槽矢量星形图可以看出,相邻两槽矢量夹角变为 $h\alpha_0$,且属于一相的线圈组所占据的区间超出 $2\pi/3$ 范围,但这并不与传统的交流绕组理论相矛盾。因为部分区间被其余相的绕组共用,分摊之后一相线圈组实际所占据的区间仍为 $2\pi/3$。将其展开到平面,可得如图 2.9(a) 所示的虚拟 27 槽 20 极单元电机相绕组分布与一相绕组槽矢量星形图,并与 81 槽 80 极基本单元电机相比较。如图可见,虚拟 27 槽 20 极单元电机一相绕组可看成是由 81 槽 80 极基本单元电机的 9 个线圈按照 $h\alpha_0$ 间距均匀排布形成的,其槽矢量合成形式将与 81 槽 80 极基本单元电机相统一。

综上所述,槽极配合归一化有序数对是建立单元电机与其对应基本单元电机之间联系的桥梁,它可以将槽极配合多样化且排布形式复杂的单元电机绕组结构,类比为基本单元电机规律性集中排布的绕组方式,以此统一计算其分布因数。在此研究的基础上,下面将从 N_{coil} 为奇数、N_{coil} 为偶数且 Q 为偶数、N_{coil} 为偶数而 Q 为奇数三个方面,开展分数槽集中绕组单元电机分布因数的统一计算与其绕组因数谐波分布规律的研究。

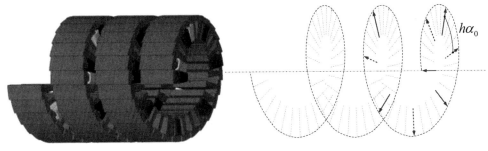

(a) 定子拓扑结构　　　　　　　　(b) 槽矢量星形图

图 2.8　虚拟 27 槽 20 极单元电机定子拓扑结构与槽矢量星形图

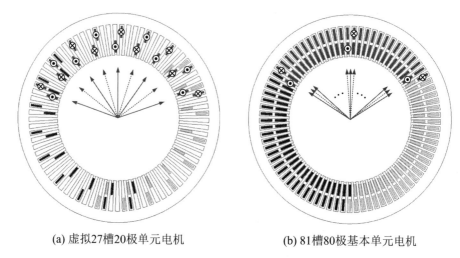

(a) 虚拟27槽20极单元电机　　　　　(b) 81槽80极基本单元电机

图 2.9　单元电机绕组分布与相绕组槽矢量星形图

2.2.2　N_{coil} 为奇数

当 N_{coil} 为奇数时,$Q=N_{coil}$,且只能采用双层绕组,其绕组排布规律如下: Q 个线圈连续排布于一个 $2\pi/m$ 的区间,且该区间仅放置该相的线圈,Q 个线圈在该区间内正反交替排布。图 2.10 展示了这种情况下属于一相线圈组的 N_{coil} 个线圈局部槽矢量星形图。图中,$l=(Q-1)/2$,α 为引入槽极配合归一化有序数对 (g,h) 后所形成的虚拟单元电机相邻两槽矢量间夹角,可表示为

$$\alpha = h\alpha_0 \tag{2.23}$$

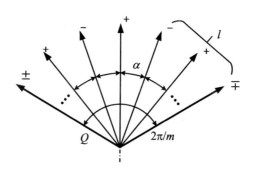

图 2.10　N_{coil} 为奇数时局部槽矢量星形图

式中,α_0 为槽距角,可由 $2\pi/Z_0$ 计算。此外,图 2.10 中加粗线条所标注的槽矢量表示该矢量"＋"或"－"不能判断,需根据永磁电机具体的槽极数来确定,但

这并不影响线圈组分布因数的计算。

对属于一相线圈组的 N_{coil} 个线圈所表示的槽矢量进行矢量求和,推导出的这种情况下 v 次谐波分布因数为

$$k_{qfv} = \left| \frac{1}{Q} \left[1 + 2 \sum_{i=1}^{l} (-1)^i \cos(ih\nu\alpha_0) \right] \right| \tag{2.24}$$

值得说明的是,N_{coil} 为奇数的单元电机,无论是集中绕组还是分布绕组,属于一相线圈组的 N_{coil} 个线圈排布方式始终相同,因此,式(2.24)亦适用于非集中绕组单元电机分布因数的计算。图 2.11 展示了 27 槽 26 极基本单元电机与 27 槽 20 极单元电机绕组因数谐波频谱,图中灰色条柱标志的阶次为对应永磁电机的工作次谐波,算例中,这两台电机所对应的槽极配合归一化有序数对 (g, h) 分别为 $(1,1)$ 和 $(3,4)$。

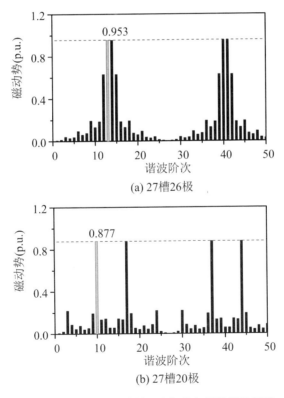

图 2.11　N_{coil} 为奇数的单元电机绕组因数谐波频谱

通过对比分析,得到 N_{coil} 为奇数的单元电机绕组因数谐波特征与其分布规律如下:

(1) 槽数和极数越接近,工作次谐波的绕组因数越大;

(2) 存在多阶与工作次谐波绕组因数相同的谐波,其阶次满足 $v=kZ_0\pm p_0$ 关系,亦即第 1.3 节提到的绕组齿谐波;

(3) 槽数和极数越接近,第一阶绕组齿谐波也更靠近基波;

(4) 由于绕组排布的对称性,绕组因数谐波频谱呈现对称分布的特点;

(5) 两台单元电机绕组因数谐波阶次完全相同,事实上,所有满足 N_{coil} 为奇数的单元电机绕组因数谐波阶次均相同,仅存在幅值上的差异,这是由该类型电机绕组排布规律决定的。

2.2.3 N_{coil} 为偶数且 Q 为偶数

当 N_{coil} 为偶数且 Q 为偶数时,单元电机槽数和极数间满足关系式

$$gZ_0=h(2p_0)\pm 2 \tag{2.25}$$

这种情况下,既可采用单层绕组,亦可采用双层绕组。

采用单层绕组时,$Q=N_{coil}$,其排布规律如下:Q 个线圈等量放置于两个 π/m 的区间内,这两个区间空间相位差为 π,且这两个区间仅放置该相的线圈,一个区间内放置 $Q/2$ 个正向线圈,另一个区间内放置 $Q/2$ 个反向线圈。此外,由于 $Q/2$ 奇偶不同,其合成规律亦不相同。图 2.12(a) 和 (b) 分别展示了单层绕组 $Q/2$ 为奇偶时的局部槽矢量星形图,其中 $c=\lfloor Q/4 \rfloor$ 表示 $Q/4$ 向下取整。

采用双层绕组时,$Q=N_{coil}/2$,其排布规律如下:Q 个线圈连续排布于一个 π/m 的区间,且该区间仅放置该相的线圈,Q 个线圈在该区间内正反交替排布,其局部槽矢量星形图如图 2.12(c) 所示,其中 $c=Q/2$。同样地,图中加粗线条所标注的槽矢量表示该矢量"+"或"-"不能判断,需根据永磁电机具体的槽极数来确定。

对 Q 个线圈所表示的槽矢量进行矢量求和,可推导出该类情况下,单、双层绕组结构分数槽集中绕组永磁电机 v 次谐波分布因数的统一计算式:

$$k_{qfv}=\frac{2}{Q}\left| \text{rem}\left(\frac{Q}{2},2\right)+2\sum_{i=1}^{c-d}\cos\left[(2i-1+d)hv\alpha_0\right] \right| \tag{2.26}$$

$$k_{qfv}=\frac{1}{Q}\left| \sum_{j=1}^{c-d}(-1)^j\sin\left[\frac{1}{2}(2j-1)hv\alpha_0\right] \right| \tag{2.27}$$

式中,d 为 $(Q/2,2)$ 的余数。

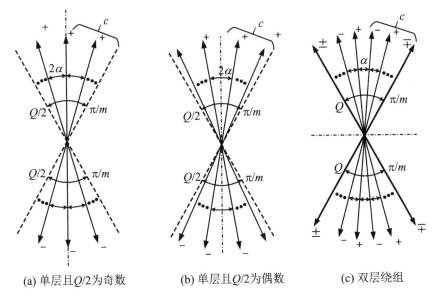

(a) 单层且 $Q/2$ 为奇数　　　(b) 单层且 $Q/2$ 为偶数　　　(c) 双层绕组

图 2.12　N_{coil} 为偶数且 Q 为偶数时局部槽矢量星形图

利用上式可计算该类型单元电机任一阶次空间谐波的分布因数。这种情况下若单元电机槽数加倍,会改变其相绕组排布规律,因此式(2.26)和式(2.27)不适用于非集中绕组永磁电机,然而可通过建立与对应单元电机间联系,间接计算其分布因数。以 48 槽 46 极与 48 槽 38 极两台单元电机为例,按照式(2.7)、式(2.26)和式(2.27)分别计算它们的节距因数和分布因数,进而可得其绕组因数谐波频谱分别如图 2.13 和图 2.14 所示。该算例中,槽极配合归一化有序数对(g,h)分别为(1,1)和(15,19)。

通过对比分析单、双层绕组单元电机绕组因数谐波频谱,得到这种情况下绕组因数特征与其谐波分布规律如下:

(1) 槽极数越接近,工作次谐波绕组因数越大,第一阶绕组齿谐波更靠近基波;

(2) 单层绕组结构的工作次谐波绕组因数略大于双层绕组结构;

(3) 绕组磁动势阶次同样满足 $v=kZ_0\pm p_0$ 的关系;

(4) 绕组因数谐波频谱呈现对称分布的特点;

(5) 不同槽极配合单元电机绕组因数谐波阶次相同,但同一单元电机分别采用单、双层绕组结构时,绕组因数谐波阶次不同;

(6) 由于是线圈组磁动势,偶数槽单元电机中存在偶数次绕组因数谐波,

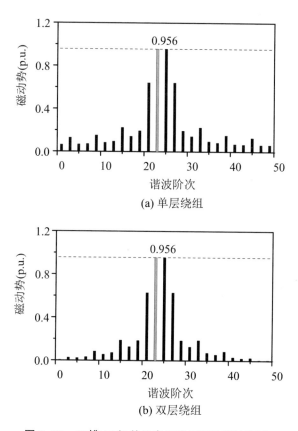

图 2.13　48 槽 46 极单元电机绕组因数谐波频谱

这些偶数次谐波在线圈组连接成相绕组过程中将被消除。

2.2.4　N_{coil} 为偶数而 Q 为奇数

当 N_{coil} 为偶数而 Q 为奇数时,槽数和极数间满足下述关系式:

$$gZ_0 = h(2p_0) \pm 4 \qquad (2.28)$$

由于 N_{coil} 为偶数,该类型分数槽集中绕组永磁电机既可采用单层绕组,亦可采用双层绕组。采用单层绕组时,$Q = N_{coil}$,其排布规律如下:Q 个线圈分为 $(Q+1)/2$ 和 $(Q-1)/2$ 不等量的两部分,其中,$(Q+1)/2$ 部分放置于互差 π 的两个 α_1 区间内,仅放置该相的正向线圈,α_1 可表示为

$$\alpha_1 = \frac{Q+1}{2Q} \cdot \frac{\pi}{m} \qquad (2.29)$$

而 $(Q-1)/2$ 部分放置于互差 π 的两个 α_2 区间内,且仅放置该相的正向线圈,

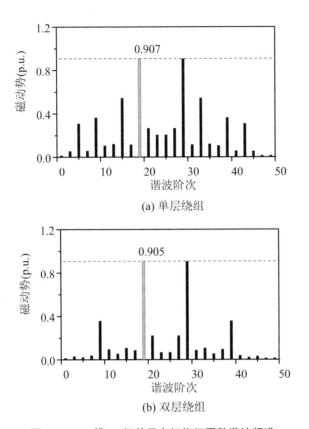

图 2.14　48 槽 38 极单元电机绕组因数谐波频谱

α_2 可表示为

$$\alpha_2 = \frac{Q-1}{2Q} \cdot \frac{\pi}{m} \tag{2.30}$$

区间 α_1 和 α_2 空间相位差为 $3\pi/2m$。图 2.15(a) 和 (b) 分别展示了 $(Q-1)/2$ 为奇数和偶数情况下局部槽矢量星形图,图中 $l = \lfloor (N_{\mathrm{coil}} \pm 1)/2 - 1 \rfloor / 2$,$c = (Q-1)/2 - l$,$s = \lfloor l/2 \rfloor$ 表示 $l/2$ 向下取整,且 α_{s_1},α_{s_2} 和 α_{d_1} 可分别表示为

$$\alpha_{s_1} = Q + l + l', \quad \alpha_{s_2} = \frac{Z_0}{2} - 1, \quad \alpha_{d_1} = Q + l \tag{2.31}$$

式中,$l' = \mathrm{rem}(l, 2)$ 为 $l/2$ 的余数。

采用双层绕组时,$Q = N_{\mathrm{coil}}/2$,其排布规律如下:Q 个线圈分为 $(Q+1)/2$ 和 $(Q-1)/2$ 不等量的两部分,这两部分线圈数一奇一偶,分别放置于一个 $2\pi/m$ 的区间内,且这两部分线圈不再连续排布,其轴线空间相位差为 $3\pi/2m$,Q 个线圈在该区间内正反交替排布。

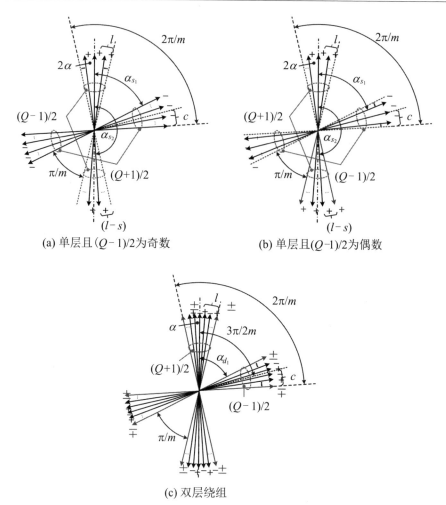

(a) 单层且$(Q-1)/2$为奇数　　　　　　　(b) 单层且$(Q-1)/2$为偶数

(c) 双层绕组

图 2.15　N_{coil} 为偶数而 Q 为奇数时局部槽矢量星形图

矢量求和后,可得该类型槽极配合单元电机单、双层绕组 v 次谐波分布因数的统一计算式:

$$k_{qfv} = \left| \frac{1}{Q} \left\{ \begin{matrix} 1 + 2\sum_{i=1}^{s} \cos\left[(2i)hv\alpha_0\right] + 2\sum_{i=1}^{l-s} \cos\left[(\alpha_{s_2} - 2(i-1))hv\alpha_0\right] \\ -2\sum_{j=1}^{c} \cos\left[(\alpha_{s_1} + (2j-1))hv\alpha_0\right] \end{matrix} \right\} \right|$$

(2.32)

$$k_{qfv} = \left| \frac{1}{Q} \left\{ 1 + 2\sum_{i=1}^{l} (-1)^i \cos(ihv\alpha_0) + 2\sum_{j=1}^{c} (-1)^j + l\cos\left[(\alpha_{d_1} + j)hv\alpha_0\right] \right\} \right|$$

(2.33)

同样利用上述分布因数统一计算式计算 30 槽 26 极和 30 槽 22 极两台分数槽
集中绕组单元电机单、双层绕组各次谐波的分布因数,联合式(2.7)节距因数的
计算,可得其绕组因数谐波频谱,分别如图 2.16 和图 2.17 所示,此算例中槽极
配合归一化有序数对(g,h)分别为(1,1)和(5,7)。

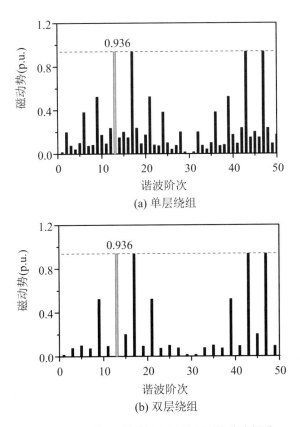

(a) 单层绕组

(b) 双层绕组

图 2.16　30 槽 26 极单元电机绕组因数谐波频谱

通过对比分析,得到绕组因数特征及其谐波分布规律如下:

(1) 槽极数越接近,工作次谐波的绕组因数越大,第一阶绕组齿谐波更靠
近基波;

(2) 单、双层绕组结构工作次谐波绕组因数相同;

(3) 绕组磁动势阶次满足 $v = kZ_0 \pm p_0$ 的关系;

(4) 绕组因数谐波频谱呈现对称分布的特点;

(5) 同一单元电机单、双层绕组结构奇数次谐波绕组因数相同;

(6) 绕组因数中存在所有阶次的空间谐波,且较先前两种类型槽极配合单

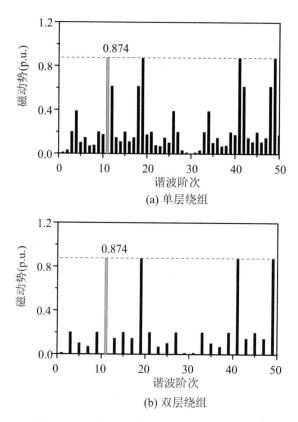

图 2.17　30 槽 22 极单元电机绕组因数谐波频谱

元电机工作次谐波绕组因数小。

综上所述,分布因数谐波由同一相绕组线圈组内线圈排布方式引起,是分数槽集中绕组永磁电机定子绕组磁动势谐波的主要来源。虽然绕组齿谐波阶次与定子槽数和极对数相关,但也是由绕组分布效应引起的。因此,改变绕组分布效应是抑制分数槽集中绕组永磁电机绕组磁动势谐波的有效途径之一,目前大多数低谐波设计方法也都是通过改变绕组分布效应实现的。

2.2.5　线圈组连接方式及相绕组磁动势谐波

由式(2.21)相绕组磁动势表达式可以看出,相绕组磁动势谐波不仅与绕组因数相关,而且与线圈组合成因数相关,在线圈组磁动势合成相绕组磁动势的过程中,不仅需要考虑 N_{coil} 的奇偶,还需要考虑同一相绕组不同线圈组内的连接方式。因此,本小节将对线圈组连接为相绕组过程中产生的磁动势空间谐波进行研究。

当 N_{coil} 为奇数时,一相线圈组即为该相的相绕组,相绕组磁动势谐波幅值和阶次均与线圈组相同,此时,线圈组合成因数 k_{cgfv} 为 1,相绕组磁动势谐波分布规律与线圈组谐波分布规律完全相同。

当 N_{coil} 为偶数且不存在线圈组内相移时,相绕组磁动势合成示意图如图 2.18(a)所示,如图可见,为使线圈组合成磁动势最大,属于同一相的两个线圈组需放置于空间互差 π 的位置。此时,两个线圈组合成磁动势 $F_{\text{cg}}^{j+}(\theta,t)$ 和 $F_{\text{cg}}^{j-}(\theta,t)$ 等值反向,可表示为

$$\begin{cases} F_{\text{cg}}^{j+}(\theta,t) = \dfrac{F_{\text{ph}v}}{2} \sum_{v=1}^{\infty} \cos\left[v\theta \pm p_0\omega t - (j-1)\dfrac{2\pi}{m}(vH \pm 1) + \beta_{\text{ph}v}\right] \\ F_{\text{cg}}^{j-}(\theta,t) = -\dfrac{F_{\text{ph}v}}{2} \sum_{v=1}^{\infty} \cos\left[v(\theta-\pi) \pm p_0\omega t - (j-1)\dfrac{2\pi}{m}(vH \pm 1) + \beta_{\text{ph}v}\right] \end{cases}$$

$$(2.34)$$

两个线圈组磁动势矢量合成后,得到的第 j 相绕组磁动势为

$$F_{\text{ph}}^{j}(\theta,t) = F_{\text{ph}v} \sum_{v=1}^{\infty} \cos\left[v\theta \pm p_0\omega t - (j-1)\dfrac{2\pi}{m}(vH \pm 1) + \beta'_{\text{ph}v}\right]$$

$$(2.35)$$

式中,$F_{\text{ph}v}$ 中线圈组合成因数 k_{cgfv} 和 v 次相绕组磁动势谐波相位角 $\beta_{\text{ph}v}$ 可分别表示为

$$k_{\text{cgfv}} = \sin\left(\dfrac{v\pi}{2}\right), \quad \beta'_{\text{ph}v} = \beta_{\text{ph}v} - \dfrac{(v+1)\pi}{2}$$

$$(2.36)$$

由此可知,当 $v = 2k(k=1,2,3,\cdots)$ 时,相绕组合成磁动势 $F_{\text{ph}}^{j}(\theta,t)$ 恒为 0,也就是说,当 N_{coil} 为偶数且不存在线圈组内相移时,相绕组磁动势中不存在偶数倍次谐波。

当 N_{coil} 为偶数且线圈组内存在相移时,即先前所提到的 Y-Δ 混合连接绕组结构,这种情况下,属于同一相的两个线圈组不再放置于空间互差 π 的位置,其线圈组内相移方式如图 2.18(b)所示,其中相位差 α_c 与该类型永磁电机相数与槽极配合适配关系密切相关。根据 Y-Δ 混合连接绕组结构特征,属于该相绕组的两个线圈组磁动势幅值相等,且经过特定角度相移后,两线圈组磁动势相位也相同,此时线圈组合成因数计算特殊,Y-Δ 混合连接绕组结构特征与其磁动势谐波消除普遍原理将在第 3 章展开分析。

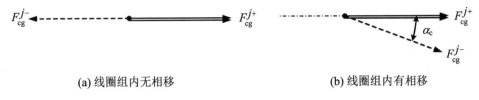

(a) 线圈组内无相移　　　　　　　　(b) 线圈组内有相移

图 2.18　同一相绕组线圈组内磁动势合成示意图

综上所述,N_{coil} 为奇数的永磁电机在线圈组连接成相绕组的过程中,不会引入除绕组因数外其余阶次的空间谐波,因此无法通过改变线圈组内相移方式的方法减弱或消除该类型永磁电机相绕组磁动势谐波。相反地,由于 N_{coil} 为偶数的单元电机一相绕组包含两个线圈组,可通过适当改变这两个线圈组内相移方式,抑制该类型永磁电机某些特定阶次的相绕组磁动势谐波。

2.3　相绕组合成磁动势谐波

永磁电机定子磁动势是 m 相绕组共同作用产生的,因此在相绕组合成过程中,不仅需要考虑其相数,而且需要考虑不同相绕组间的相移方式。本节首先对分数槽集中绕组永磁电机多套对称正 m 相绕组结构特点进行分析,然后在单套对称正 m 相绕组合成磁动势规律的基础上,系统开展多套对称正 m 相绕组合成磁动势普适性规律的研究,揭示多套绕组间相移方式与合成磁动势谐波间内在关系。

2.3.1　多套对称正 m 相绕组结构

假设 $m_1,m_2,\cdots,m_n$ 为相数 m 不等于1的质因数,这种情况下永磁电机相绕组将会存在多种不同连接方式。本书默认永磁电机相数 m 仅存在 m_1 和 m_2 两个质因数,其中,m_1 与 m_2 可以相等也可以不相等,此时 m 相永磁电机可看成是由 m_1 套对称正 m_2 相绕组相移一定空间角度后形成的,也可以看成是由 m_2 套对称正 m_1 相绕组相移一定空间位置角后形成的。当相移角 $\alpha_{shift}=0$ 或者 $\alpha_{shift}=2\pi/m$ 时,为对称正 m_1 或 m_2 相绕组。换言之,对称正 m 相绕组是对

称正 m_1 相绕组或者对称正 m_2 相绕组相移 0 或者 $2\pi/m$ 时的特例。α_{shift} 必须为槽距角的倍数，即 $\alpha_{\text{shift}} = k(2\pi/Z_0)$，且为避免重复，$\alpha_{\text{shift}}$ 不超过 $2\pi/m$，即 $\alpha_{\text{shift}} \leqslant 2\pi/m$。[111]

图 2.19 和图 2.20 分别展示了 36 槽六相电机和 18 槽九相电机不同相移角下绕组结构示意图，其中图 2.19(c) 和图 2.20(b) 所示为正六相和正九相绕组结构，而其他绕组结构均是由两套绕组或三套绕组相移一定空间位置角后形成的。文献[74]对三套三相绕组永磁电机相移规律与其磁动势谐波消除规律进行了研究，揭示了多套绕组结构在不同相移角下磁动势谐波消除的特定规律，而本节将不同相移方式与其合成磁动势规律的研究系统地上升到多套对称正 m 相绕组结构，更具普适性。

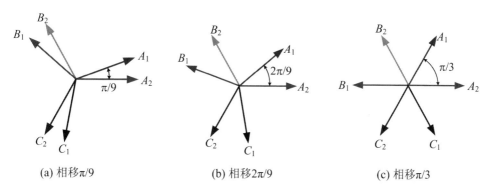

(a) 相移π/9　　　　　(b) 相移2π/9　　　　　(c) 相移π/3

图 2.19　六相 36 槽 34 极电机绕组结构示意图

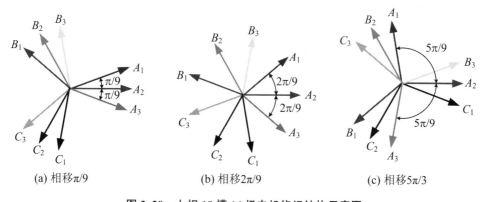

(a) 相移π/9　　　　　(b) 相移2π/9　　　　　(c) 相移5π/3

图 2.20　九相 18 槽 14 极电机绕组结构示意图

2.3.2 单套对称正 m 相绕组磁动势

对称正 m 相绕组结构任意相邻两相间相位差均为 $2\pi/m$,其绕组结构如图 2.21 所示,图中 K 表示对称正 m 相绕组的套数。

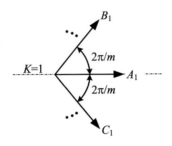

图 2.21 单套对称正 m 相绕结构示意图

假设单套对称正 m 相绕组结构第一相绕组 v 次谐波的相位角 $\beta_{\text{ph}v}$ 为 0,由对称 m 相理想正弦电流供电,且假设第一相绕组的轴线、电流矢量与转子 d 轴同相位,则相绕组合成后可得对称正 m 相永磁电机正、反向旋转的磁动势,分别表示为

$$
\begin{cases}
F_{\text{f}}(\theta,t) = F_{\text{m}\varphi v} \displaystyle\sum_{v=1}^{\infty} \sum_{j=1}^{m} \cos\left[v\theta - p_{\text{r}}\omega t - (j-1)\dfrac{2\pi}{m}(vH+1)\right] \\
F_{\text{b}}(\theta,t) = F_{\text{m}\varphi v} \displaystyle\sum_{v=1}^{\infty} \sum_{j=1}^{m} \cos\left[v\theta - p_{\text{r}}\omega t - (j-1)\dfrac{2\pi}{m}(vH-1)\right]
\end{cases} \tag{2.37}
$$

式中,$F_{\text{m}\varphi v}$ 为合成磁动势 v 次谐波的幅值,可写为

$$
F_{\text{m}\varphi v} = \frac{m}{2}F_{\text{ph}v} \tag{2.38}
$$

从式(2.37)可以看出,只要满足 $vH+1 \neq mk\,(k \in \mathbf{Z})$ 或者 $vH-1 \neq mk\,(k \in \mathbf{Z})$,正、反向旋转磁动势 $F_{\text{f}}(\theta,t)$ 和 $F_{\text{b}}(\theta,t)$ 将恒为 0。因此,对称正 m 相绕组通入对称 m 相正弦电流时,仅存在 $vH = mk \pm 1\,(k \in \mathbf{Z})$ 阶磁动势谐波,此时对称正 m 相绕组永磁电机的磁动势可统一写为

$$
\begin{cases}
F_{\text{f}}(\theta,t) = F_{\text{m}\varphi v} \displaystyle\sum_{\substack{v=1 \\ (vH=mk-1, \\ k \in \mathbf{Z})}}^{\infty} \cos(v\theta - p_{\text{r}}\omega t) \\[2em]
F_{\text{b}}(\theta,t) = F_{\text{m}\varphi v} \displaystyle\sum_{\substack{v=1 \\ (vH=mk+1, \\ k \in \mathbf{Z})}}^{\infty} \cos(v\theta + p_{\text{r}}\omega t)
\end{cases} \tag{2.39}
$$

2.3.3　奇数套对称正 m 相绕组磁动势

图 2.22 为奇数套对称正 m 相绕组结构示意图,其中绕组套数 K 为奇数且 $\geqslant 3$,图中 A_0 表示第"0"套绕组的 A 相绕组,该相绕组位于如图所示对称轴线的位置,且其余 $K-1$ 套绕组的 A 相绕组等数量等间距的布置于 A_0 相绕组的两侧。超前 A_0 相绕组的其余套 A 相绕组分别用 $A_{-1},\cdots,A_{-i}$ 标记,滞后的用 $A_{+1},\cdots,A_{+i}$ 标记,相邻两套 A 相绕组轴线空间互差 α_{shift} 机械角度。需说明的是,实际上永磁电机中并不存在第"0""-1"套绕组的说法,这种标记的引入仅为了便于理解多套绕组排布方式和合成规律。

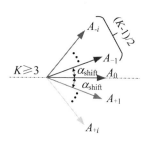

图 2.22　奇数套对称正 m 相绕组结构示意图

假设第"0"套绕组 v 次谐波空间相位角 $\beta_{(0)v}$ 为 0,根据单套对称正 m 相永磁电机磁动势统一表达式,第"0"套绕组正、反向旋转磁动势 $F_{\text{f}(0)}(\theta,t)$ 和 $F_{\text{b}(0)}(\theta,t)$ 可分别写为

$$
\begin{cases}
F_{\text{f}(0)}(\theta,t)=F_{m\varphi v}\displaystyle\sum_{\substack{v=1\\(vH=mk-1,\\k\in\mathbb{Z})}}^{\infty}\cos(v\theta-p_{\text{r}}\omega t+\beta_v)\\[4mm]
F_{\text{b}(0)}(\theta,t)=F_{m\varphi v}\displaystyle\sum_{\substack{v=1\\(vH=mk+1,\\k\in\mathbb{Z})}}^{\infty}\cos(v\theta+p_{\text{r}}\omega t+\beta_v)
\end{cases}
\tag{2.40}
$$

同理,第"-1"套绕组正、反向旋转磁动势分别为

$$
\begin{cases}
F_{\text{f}(-1)}(\theta,t)=F_{m\varphi v}\displaystyle\sum_{\substack{v=1\\(vH=mk-1,\\k\in\mathbb{Z})}}^{\infty}\cos[(v\theta-p_{\text{r}}\omega t-(vH\beta_{(-1)v}-\alpha_{\text{shift}}))]\\[4mm]
F_{\text{b}(-1)}(\theta,t)=F_{m\varphi v}\displaystyle\sum_{\substack{v=1\\(vH=mk+1,\\k\in\mathbb{Z})}}^{\infty}\cos[(v\theta+p_{\text{r}}\omega t-(vH\beta_{(-1)v}+\alpha_{\text{shift}}))]
\end{cases}
\tag{2.41}
$$

式中,$\beta_{(-1)v}$ 表示第"-1"套绕组相对于第"0"套绕组 v 次谐波相位差,特别强调的是,$\beta_{(-1)v}$ 以及后续所述的 $\beta_{(-i)v}$ 和 $\beta_{(+i)v}$ 需根据特定电机的槽矢量星形图来确定[112],其正、负与 v 次谐波旋转方向相关,由 H 值来确定。以此类推,$F_{\text{f}(-i)}(\theta,t)$ 和 $F_{\text{b}(-i)}(\theta,t)$ 可表示为

$$
\begin{cases}
F_{\mathrm{f}(-i)}(\theta,t)=F_{\mathrm{m}\varphi v}\sum\limits_{\substack{v=1 \\ (vH=mk-1, \\ k\in\mathbf{Z})}}^{\infty}\cos\big[(v\theta-p_{\mathrm{r}}\omega t-(vH\beta_{(-i)v}-i\alpha_{\mathrm{shift}}))\big] \\[4mm]
F_{\mathrm{b}(-i)}(\theta,t)=F_{\mathrm{m}\varphi v}\sum\limits_{\substack{v=1 \\ (vH=mk+1, \\ k\in\mathbf{Z})}}^{\infty}\cos\big[(v\theta+p_{\mathrm{r}}\omega t-(vH\beta_{(-i)v}+i\alpha_{\mathrm{shift}}))\big]
\end{cases}
\tag{2.42}
$$

同理,第"$+i$"套绕组正、反向旋转磁动势 $F_{\mathrm{f}(+i)}(\theta,t)$ 和 $F_{\mathrm{b}(+i)}(\theta,t)$ 可写为

$$
\begin{cases}
F_{\mathrm{f}(+i)}(\theta,t)=F_{\mathrm{m}\varphi v}\sum\limits_{\substack{v=1 \\ (vH=mk-1, \\ k\in\mathbf{Z})}}^{\infty}\cos\big[(v\theta-p_{\mathrm{r}}\omega t-(vH\beta_{(+i)v}+i\alpha_{\mathrm{shift}}))\big] \\[4mm]
F_{\mathrm{b}(+i)}(\theta,t)=F_{\mathrm{m}\varphi v}\sum\limits_{\substack{v=1 \\ (vH=mk+1, \\ k\in\mathbf{Z})}}^{\infty}\cos\big[(v\theta+p_{\mathrm{r}}\omega t-(vH\beta_{(+i)v}-i\alpha_{\mathrm{shift}}))\big]
\end{cases}
\tag{2.43}
$$

合成后得出的奇数套对称 m 相绕组正、反向旋转磁动势为

$$
\begin{cases}
F_{\mathrm{f}}(\theta,t)=F_{\mathrm{m}\varphi v}k_{\mathrm{cfv}}\sum\limits_{\substack{v=1 \\ (vH=mk-1, \\ k\in\mathbf{Z})}}^{\infty}\cos(v\theta-p_{\mathrm{r}}\omega t) \\[4mm]
F_{\mathrm{b}}(\theta,t)=F_{\mathrm{m}\varphi v}k_{\mathrm{cfv}}\sum\limits_{\substack{v=1 \\ (vH=mk+1, \\ k\in\mathbf{Z})}}^{\infty}\cos(v\theta+p_{\mathrm{r}}\omega t)
\end{cases}
\tag{2.44}
$$

式中,k_{cfv} 为相绕组合成因数,可表示为

$$
k_{\mathrm{cfv}}=
\begin{cases}
\dfrac{1}{K}\sum\limits_{i=1}^{\frac{K-1}{2}}\big[1+2\cos i(vH\beta_{(+1)v}+\alpha_{\mathrm{shift}})\big], & vH=mk-1\,(k\in\mathbf{Z}) \\[5mm]
\dfrac{1}{K}\sum\limits_{i=1}^{\frac{K-1}{2}}\big[1+2\cos i(vH\beta_{(+1)v}-\alpha_{\mathrm{shift}})\big], & vH=mk+1\,(k\in\mathbf{Z})
\end{cases}
\tag{2.45}
$$

从式(2.45)可以看出,若使相绕组合成因数为 0,则 v 次磁动势谐波将被消除,此时定子磁动势谐波阶次及 $\beta_{(+1)v}$ 满足下述关系式:

$$
\begin{cases}
\cos(v\beta_{(+1)v}+\alpha_{\mathrm{shift}})+\cos 2(v\beta_{(+1)v}+\alpha_{\mathrm{shift}})=-\dfrac{1}{2}, & vH=mk-1\,(k\in\mathbf{Z}) \\[4mm]
\cos(v\beta_{(+1)v}+\alpha_{\mathrm{shift}})+\cos 2(v\beta_{(+1)v}-\alpha_{\mathrm{shift}})=-\dfrac{1}{2}, & vH=mk+1\,(k\in\mathbf{Z})
\end{cases}
\tag{2.46}
$$

式中,$\beta_{(+1)v}$ 为第"1"套 A 相绕组相对于第"0"套 A 相绕组 v 次谐波空间相位差。接下来,以 60 槽 58 极五套三相分数槽集中绕组永磁电机来验证上述推导

的正确性与奇数套对称正 m 相绕组结构磁动势谐波消除的规律。图 2.23 展示了该 60 槽 58 极永磁电机结构以及不同相移角时的槽矢量星形图,根据式 (2.46) 计算不同相移角下各次谐波相绕组合成因数,并将结果呈现于表 2.3 和表 2.4 中。联合 2.2 节绕组因数和线圈组合成因数相关的研究,可得该五套三相绕组永磁电机不同相移角下定子磁动势谐波频谱。

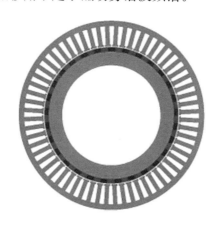

(a) 电机结构

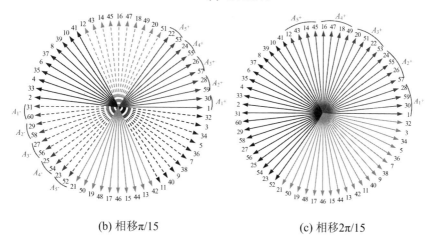

(b) 相移π/15　　　　　　　　　　　　　　(c) 相移2π/15

图 2.23　60 槽 58 极五套三相绕组永磁电机槽矢量星形图

表 2.3　60 槽 58 极五套三相绕组永磁电机相移 π/15 时相绕组合成因数

k	$vH=mk-1$	$\beta_{(+1)v}$	$k_{\mathrm{cf}v}$	k	$vH=mk+1$	$\beta_{(+1)v}$	$k_{\mathrm{cf}v}$
0				0	1	π/15	1
1	2	π/15	0.64	1	4	π/15	0.64
2	5	π/15	0	2	7	π/15	0

k	$vH=mk-1$	$\beta_{(+1)v}$	k_{cfv}	k	$vH=mk+1$	$\beta_{(+1)v}$	k_{cfv}
3	8	$\pi/15$	0.24	3	10	$\pi/15$	0.24
4	11	$\pi/15$	0	4	13	$\pi/15$	0
5	14	$\pi/15$	0	5	16	$\pi/15$	0
6	17	$\pi/15$	0	6	19	$\pi/15$	0
7	20	$\pi/15$	0.24	7	22	$\pi/15$	0.24
8	23	$\pi/15$	0	8	25	$\pi/15$	0
9	26	$\pi/15$	0.64	9	28	$\pi/15$	0.64
10	29	$\pi/15$	1	10	31	$\pi/15$	1

表 2.4　60 槽 58 极五套三相绕组永磁电机相移 $2\pi/15$ 时相绕组合成因数

k	$vH=mk-1$	$\beta_{(+1)v}$	k_{cfv}	k	$vH=mk+1$	$\beta_{(+1)v}$	k_{cfv}
0				0	1	$2\pi/15$	1
1	2	$2\pi/15$	0	1	4	$2\pi/15$	0
2	5	$2\pi/15$	0	2	7	$2\pi/15$	0
3	8	$2\pi/15$	0	3	10	$2\pi/15$	0
4	11	$2\pi/15$	0	4	13	$2\pi/15$	0
5	14	$2\pi/15$	1	5	16	$2\pi/15$	1
6	17	$2\pi/15$	0	6	19	$2\pi/15$	0
7	20	$2\pi/15$	0	7	22	$2\pi/15$	0
8	23	$2\pi/15$	0	8	25	$2\pi/15$	0
9	26	$2\pi/15$	0	9	28	$2\pi/15$	0
10	29	$2\pi/15$	1	10	31	$2\pi/15$	1

　　图 2.24 展示了通过有限元法和理论计算法所获得的 60 槽 58 极五套三相绕组永磁电机定子磁动势谐波频谱,图中各次谐波均以工作次谐波为基准进行标幺化。如图可见,两种方法所得的磁动势谐波阶次完全一致,仅幅值上存在微小的误差,验证了奇数套对称正 m 相绕组合成磁动势与其谐波消除原理的正确性。幅值上的误差主要来源于定子槽口,本书所呈现的理论计算方法没有考虑槽口对磁动势谐波的影响,两种计算方法幅值误差小侧面反映了槽口对永

磁电机磁动势的影响较小。除此以外,不同相移角下谐波频谱差异仅体现于
14 次和 16 次谐波,这是由两种绕组结构在空间排布是否呈现对称性所致的,
相移 π/15 的绕组结构在空间呈现对称性,其磁动势中不含有偶数倍次谐波。

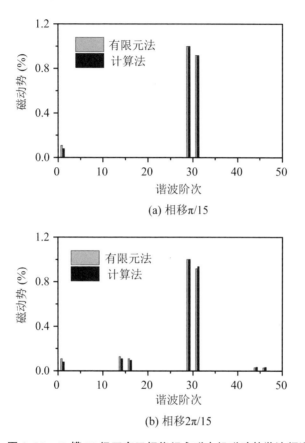

(a) 相移π/15

(b) 相移2π/15

图 2.24　60 槽 58 极五套三相绕组永磁电机磁动势谐波频谱

2.3.4　偶数套对称正 m 相绕组磁动势

　　与绕组套数为奇数情况不同的是,当绕组套数为偶数时,对称轴线上第"0"
套绕组不存在,其多套绕组结构示意图如图 2.25 所示,由于绕组套数 K 为偶
数,此时排布于对称轴线两侧的绕组套数均为 $K/2$。

　　类似于绕组套数为奇数的情况,第"−1"套绕组正、反向旋转的磁动势可表
示为

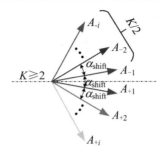

图 2.25 偶数套对称正 m 相绕组结构示意图

$$
\begin{cases}
F_{f(-1)}(\theta,t) = F_{m\varphi v} \sum_{\substack{v=1 \\ (vH=mk-1, \\ k\in\mathbb{Z})}}^{\infty} \cos\left\{v\theta - p_r\omega t - \left[vH\beta_{(-1)v} - \dfrac{\alpha_{shift}}{2}\right]\right\} \\[4mm]
F_{b(-1)}(\theta,t) = F_{m\varphi v} \sum_{\substack{v=1 \\ (vH=mk+1, \\ k\in\mathbb{Z})}}^{\infty} \cos\left\{v\theta + p_r\omega t - \left[vH\beta_{(-1)v} + \dfrac{\alpha_{shift}}{2}\right]\right\}
\end{cases}
\tag{2.47}
$$

第"$-i$"和"$+i$"套绕组正、反向旋转的磁动势可分别表示为

$$
\begin{cases}
F_{f(-i)}(\theta,t) = F_{m\varphi v} \sum_{\substack{v=1 \\ (vH=mk-1, \\ k\in\mathbb{Z})}}^{\infty} \cos\left\{v\theta - p_r\omega t - \left[vH\beta_{(-i)v} - \dfrac{(2i-1)\alpha_{shift}}{2}\right]\right\} \\[4mm]
F_{b(-i)}(\theta,t) = F_{m\varphi v} \sum_{\substack{v=1 \\ (vH=mk+1, \\ k\in\mathbb{Z})}}^{\infty} \cos\left\{v\theta + p_r\omega t - \left[vH\beta_{(-i)v} + \dfrac{(2i-1)\alpha_{shift}}{2}\right]\right\}
\end{cases}
\tag{2.48}
$$

$$
\begin{cases}
F_{f(+i)}(\theta,t) = F_{m\varphi v} \sum_{\substack{v=1 \\ (vH=mk-1, \\ k\in\mathbb{Z})}}^{\infty} \cos\left\{v\theta - p_r\omega t - \left[vH\beta_{(+i)v} + \dfrac{(2i-1)\alpha_{shift}}{2}\right]\right\} \\[4mm]
F_{b(+i)}(\theta,t) = F_{m\varphi v} \sum_{\substack{v=1 \\ (vH=mk+1, \\ k\in\mathbb{Z})}}^{\infty} \cos\left\{v\theta + p_r\omega t - \left[vH\beta_{(+i)v} - \dfrac{(2i-1)\alpha_{shift}}{2}\right]\right\}
\end{cases}
\tag{2.49}
$$

因此,得出的偶数套对称正 m 相绕组正、反向旋转的磁动势分别为

$$
\begin{cases}
F_f(\theta,t) = F_{m\varphi v} k_{cfv} \sum_{\substack{v=1 \\ (vH=mk-1, \\ k\in\mathbb{Z})}}^{\infty} \left[\cos(v\theta - p_r\omega t)\right] \\[4mm]
F_b(\theta,t) = F_{m\varphi v} k_{cfv} \sum_{\substack{v=1 \\ (vH=mk+1, \\ k\in\mathbb{Z})}}^{\infty} \left[\cos(v\theta + p_r\omega t)\right]
\end{cases}
\tag{2.50}
$$

此时相绕组合成因数 k_{cfv} 可表示为

$$k_{\mathrm{cfv}}=\begin{cases} \dfrac{1}{K}\sum_{i=1}^{\frac{K-1}{2}}\left[2\cos(2i-1)\left(\dfrac{vH\beta_{(+1)v}}{2}+\dfrac{\alpha_{\mathrm{shift}}}{2}\right)\right], & vH=mk-1(k\in\mathbf{Z}) \\ \dfrac{1}{K}\sum_{i=1}^{\frac{K-1}{2}}\left[2\cos(2i-1)\left(\dfrac{vH\beta_{(+1)v}}{2}-\dfrac{\alpha_{\mathrm{shift}}}{2}\right)\right], & vH=mk+1(k\in\mathbf{Z}) \end{cases}$$

$$(2.51)$$

由此可知,若选取合适的相移角 α_{shift},使其相绕组合成因数为 0,则可消除该类型绕组结构中某些特定阶次的磁动势谐波。同样以 48 槽 22 极多相永磁电机来验证偶数套对称正 m 相绕组合成磁动势与其谐波消除规律。图 2.26 展示了该 48 槽 22 极永磁电机分别连接为两套三相绕组结构且相移角为 π/6,以及四套三相绕组结构相移角为 π/12 时的槽矢量星形图。表 2.5 和表 2.6 计算了该 48 槽 22 极永磁电机在不同相移角下各次谐波相绕组合成因数。图 2.27 展

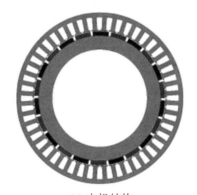

(a) 电机结构

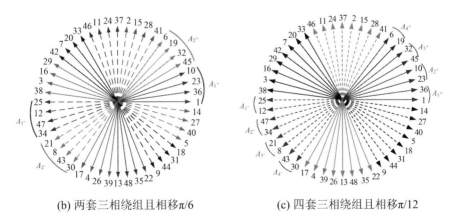

(b) 两套三相绕组且相移π/6　　　　(c) 四套三相绕组且相移π/12

图 2.26　48 槽 22 极不同绕组结构永磁电机槽矢量星形图

示了这两种不同绕组结构在不同相移角下的磁动势谐波频谱图。如图可见,两种方法所得的磁动势谐波阶次也完全一致,同样地,由于理论计算方法未考虑槽口对定子绕组磁动势谐波的影响,两种方法计算得到的谐波幅值存在较小的差异。因此,可通过改变相绕组连接方式,选取合适的相移角,来减少某些对永磁电机影响较大的磁动势谐波。

表 2.5　48 槽 22 极两套三相绕组永磁电机相移 $\pi/6$ 时相绕组合成因数

k	$\nu H = mk - 1$	$\beta_{(+1)\nu}$	$k_{cf\nu}$	k	$\nu H = mk + 1$	$\beta_{(+1)\nu}$	$k_{cf\nu}$
0				0	1	$\pi/6$	1
1	2	$\pi/6$	0.707	1	4	$\pi/6$	0.707
2	5	$\pi/6$	0	2	7	$\pi/6$	0
3	8	$\pi/6$	0.707	3	10	$\pi/6$	0.707
4	11	$\pi/6$	1	4	13	$\pi/6$	1
5	14	$\pi/6$	0.707	5	16	$\pi/6$	0.707
6	17	$\pi/6$	0	6	19	$\pi/6$	0
7	20	$\pi/6$	0.707	7	22	$\pi/6$	0.707
8	23	$\pi/6$	1	8	25	$\pi/6$	1
9	26	$\pi/6$	0.707	9	28	$\pi/6$	0.707
10	29	$\pi/6$	0	10	31	$\pi/6$	0
11	32	$\pi/6$	0.707	11	34	$\pi/6$	0.707

表 2.6　48 槽 22 极四套三相绕组永磁电机相移 $\pi/12$ 时相绕组合成因数

k	$\nu H = mk - 1$	$\beta_{(+1)\nu}$	$k_{cf\nu}$	k	$\nu H = mk + 1$	$\beta_{(+1)\nu}$	$k_{cf\nu}$
0				0	1	$13\pi/12$	0
1	2	$13\pi/12$	0.653	1	4	$13\pi/12$	0.653
2	5	$13\pi/12$	0	2	7	$13\pi/12$	0
3	8	$13\pi/12$	0.271	3	10	$13\pi/12$	0.271
4	11	$13\pi/12$	1	4	13	$13\pi/12$	1
5	14	$13\pi/12$	0.271	5	16	$13\pi/12$	0.271
6	17	$13\pi/12$	0	6	19	$13\pi/12$	0
7	20	$13\pi/12$	0.653	7	22	$13\pi/12$	0.653
8	23	$13\pi/12$	0	8	25	$13\pi/12$	0
9	26	$13\pi/12$	0.653	9	28	$13\pi/12$	0.653
10	29	$13\pi/12$	0	10	31	$13\pi/12$	0
11	32	$13\pi/12$	0.271	11	34	$13\pi/12$	0.271

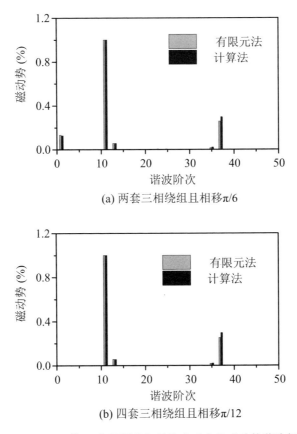

(a) 两套三相绕组且相移π/6

(b) 四套三相绕组且相移π/12

图 2.27 48 槽 22 极不同绕组结构永磁电机磁动势谐波频谱

本 章 小 结

本章对永磁容错电机空间磁动势谐波进行了研究,介绍了分数槽集中绕组永磁电机槽极配合特征以及基于槽极配合特征分类的绕组排布规律,阐明了其分布效应并通过建立绕组函数与磁动势和反电势间联系,揭示了分数槽集中绕组永磁电机空间磁动势谐波大的内在机理。提出了槽极配合归一化有序数对的概念,在此基础上推导了相绕组磁动势谐波普适性计算方法。研究了多套对称正 m 相绕组结构相移规律,分别推导了绕组套数为奇数和偶数时永磁电机合成磁动势统一计算方法,揭示了多套绕组相移角与磁动势谐波间特定关系。

第3章 永磁容错电机的 Y-Δ 混合 连接绕组低谐波设计

第2章研究表明,当永磁容错电机槽数为偶数时,其空间磁动势谐波主要由线圈分布方式(绕组因数表征)、同一相绕组两线圈组内相移方式(线圈组合成因数表征)以及不同相绕组间相移方式(相绕组合成因数表征)引起。改变绕组因数和相绕组合成因数的低谐波设计方法较为普遍,Y-Δ 混合连接绕组作为同一相绕组两个线圈组内相移方式的特例,在不改变绕组相数以及在不牺牲集中绕组结构优点的前提下,不仅能够提高基波绕组因数,而且能够消除某些特定阶次的绕组磁动势谐波,因此在永磁容错电机应用领域备受关注。Y-Δ 混合连接绕组结构在低谐波设计方面的研究颇多,但均未呈现系统性和普适性的研究。

本章将从线圈组内相移方式入手,系统地开展 m($m \geqslant 3$ 且为质数)相双层绕组永磁容错电机 Y-Δ 混合连接绕组低谐波设计相关的研究。需要说明的是,$m \geqslant 3$ 是为了确保有一个线圈组能够连接为 Δ 形,质数相是为了确保其不存在相绕组间相移情况。此外,本章所指的 Δ 形连接并非特指三相绕组的三角形连接,而是 m 相绕组正 m 边形连接形式的统称。首先,分析 Y-Δ 混合连接绕组结构的本质特点,并探究不同连接方式各线圈组电流和匝数时空间特定关系,推导该类型永磁容错电机相数与槽极配合间适配关系。在此基础上探究 Y-Δ 混合连接绕组结构磁动势谐波消除的普遍原理。然后,建立不同槽极配合永磁电机仿真计算模型,并进行磁动势谐波消除规律与谐波等效分段效应的研究。优化设计采用 Y-Δ 混合连接绕组结构的 12 槽 10 极永磁容错电机,并对其电磁性能进行仿真研究。最后,研制样机并搭建测试平台,进行电磁性能的测试与评估。

3.1　Y-Δ 混合连接绕组

3.1.1　结构特点

　　根据第 2.2.5 节分析可知, N_{coil} 为偶数是永磁电机能够采用 Y-Δ 混合连接绕组结构的先决条件,因此,Y-Δ 混合连接绕组结构低谐波设计仅适用于 $Z_0 = 2p_0 \pm 2$ 或 $Z_0 = 2p_0 \pm 4$ 槽极配合关系的永磁容错电机。图 3.1 展示了 m 相星形(Y 形)连接绕组与 Y-Δ 混合连接绕组结构示意图。假设 m 相永磁容错电机的一相绕组由两个线圈组组成,这里分别用线圈组 Ⅰ(Y 形连接)和线圈组 Ⅱ(Δ 形连接)表示。图 3.1(b)中 $I_{1Y}, I_{2Y}, \cdots, I_{jY}, \cdots, I_{mY}$ 和 $I_{1\Delta}, I_{2\Delta}, \cdots, I_{j\Delta}, \cdots, I_{m\Delta}$ 分别表示线圈组 Ⅰ 和线圈组 Ⅱ 的相电流幅值,N_Y 和 N_Δ 分别表示这两个不同连接方式线圈组单个线圈的匝数。如图所示,Y 形连接绕组属于同一相的两个线圈组首尾相连接成星形结构,遵循线圈组合成磁动势最大原则,这两个线圈组磁动势必然等大同向。但对于 Y-Δ 混合连接的绕组结构而言,属于同一相的两个线圈组分别绕接成星形和三角形,为保证其合成磁动势最大,这两个线圈组磁动势同样满足等大同向原则,但由于其电流幅值和相位角不同,匝数与空间位置也必然不同。此外,采用这种 Y-Δ 混合连接绕组结构的永磁容错电机无中性点引出。[113]

　　Y-Δ 混合连接绕组结构早期引入的初衷是提高感应电机的绕组因数,进而提升其效率[114-115],引入永磁电机后发现该绕组结构不仅能够提高绕组因数,而且能够消除某些特定阶次的空间磁动势谐波。此处利用 12 槽 10 极不同绕组结构的永磁电机来阐述 Y-Δ 混合连接绕组结构绕组因数的提升机理。图 3.2 展示了 12 槽 10 极永磁电机三种不同绕组拓扑结构,且在图中叠加了 A 相线圈组各线圈磁动势矢量合成示意图。如图可见,单层绕组结构一个线圈组内仅存在一个线圈,此时线圈组磁动势为单个线圈磁动势,显然不存在分布效应,其工作次谐波的分布因数为 1。双层绕组结构一个线圈组包含两个线圈,这两个线圈存在 π/6 的空间位置差,合成线圈组的过程中必然存在分布效应,此时工作

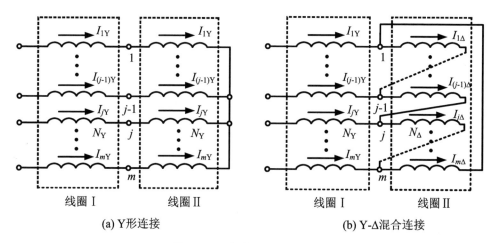

(a) Y形连接   (b) Y-Δ混合连接

图 3.1 m 相绕组结构示意图

次谐波的分布因数为 0.966。Y-Δ 混合连接绕组结构一个线圈组同样包含两个线圈,这两个线圈也存在 $\pi/6$ 的空间位置差,但由于星形连接的线圈组和三角形连接的线圈组电流和匝数在时空上的特定关系,其所形成的磁动势等幅值同相位,此时两个线圈合成时不存在分布效应,工作次谐波的分布因数为 1,因此,采用 Y-Δ 混合连接方式可提高电机的基波绕组因数。

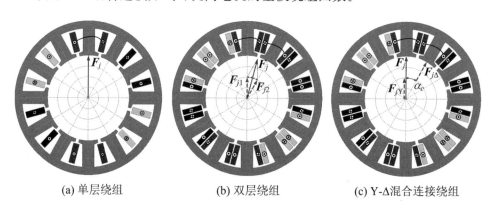

(a) 单层绕组   (b) 双层绕组   (c) Y-Δ混合连接绕组

图 3.2   12 槽 10 极三相不同绕组结构示意图

3.1.2   相数与槽极配合适配规律

采用 Y-Δ 混合连接绕组结构永磁容错电机的匝数和电流在时空上满足特定关系,使得不同槽极配合永磁容错电机与相数间呈现特定的适配特征,本小节将对其相数与槽极配合适配规律进行研究。图 3.3 展示了任一 m 相 Y-Δ 混合连接绕组结构相邻两节点电流关系与其中一个节点 j 的电流矢量,各线圈电流方向如图中箭头所示,根据电路原理相关知识,其电流幅值满足下述关系:

$$
\begin{cases}
I_{1Y} = \cdots = I_{1(j-1)Y} = I_{jY} = \cdots = I_{mY} \\
I_{1\Delta} = \cdots = I_{1(j-1)\Delta} = I_{j\Delta} = \cdots = I_{m\Delta}
\end{cases} \tag{3.1}
$$

由正多边形性质及其外角和定理可知,三角形连接的相邻两个线圈中电流矢量 $i_{(j-1)\Delta}$ 和 $i_{j\Delta}$ 间的夹角可表示为

$$
\theta_1 = \angle(i_{(j-1)\Delta}, i_{j\Delta}) = \frac{2\pi}{m} \tag{3.2}
$$

提取节点 j 并根据星形连接和三角形连接两线圈电流幅值与相位间关系,绘制出如图 3.3(b)所示的节点电流矢量。

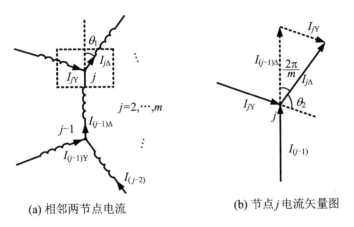

(a) 相邻两节点电流　　　　　　　(b) 节点 j 电流矢量图

图 3.3　Y-Δ 混合连接绕组结构节点电流

根据基尔霍夫节点电流定理得出的星形连接和三角形连接线圈电流幅值间关系为

$$
I_{j\Delta} = I_{jY} + I_{(j-1)\Delta} \tag{3.3}
$$

联立式(3.2)和式(3.3),得出的不同连接方式线圈的电流幅值和相位间关系为

$$
\begin{cases}
I_{jY} = 2\sin\dfrac{\pi}{m} I_{j\Delta} \\
\theta_2 = \angle(i_{j\Delta}, i_{jY}) = \dfrac{\pi}{2m}
\end{cases} \tag{3.4}
$$

从式(3.4)可以看出,星形连接线圈的电流幅值是三角形连接电流幅值的 $2\sin(\pi/m)$ 倍,在空间相位上滞后三角形连接线圈 $\pi/(2m)$。由于不同连接方式的两线圈建立的磁动势等幅值同相位,因此可推导出其匝数和空间位置间关

系,如式(3.5)所示。

$$
\begin{cases}
N_\text{Y} = \dfrac{N_\Delta}{2\sin\dfrac{\pi}{m}} \\[4mm]
\angle(n_\text{Y}, n_\Delta) = \dfrac{\pi}{2m}
\end{cases}
\tag{3.5}
$$

可见,采用 Y-Δ 混合连接绕组结构时,两种连接方式的线圈匝数不同,三角形连接线圈的匝数是星形连接线圈的 $2\sin(\pi/m)$ 倍,且其在空间位置上超前星形连接线圈 $\pi/(2m)$。若采用 Y-Δ 混合连接绕组结构,永磁电机槽距角和两种连接方式线圈在空间上位置差必须相同,即必定满足下述关系式:

$$
h\alpha_0 = \frac{\pi}{2m}
\tag{3.6}
$$

式中,h 为正整数,槽距角 $\alpha_0 = 2\pi/Z_0$(Z_0 为槽数)。最后推导出的能够采用 Y-Δ 混合连接绕组结构永磁电机槽数与相数间的特定关系为

$$
4mh = Z_0
\tag{3.7}
$$

根据第 2.2 节的分析,h 与能够串联在一起组成一个线圈组的线圈数 Q 存在密切的联系,Y-Δ 混合连接绕组永磁电机将原本属于一相线圈组的 Q 个线圈均匀分为两部分,且这两部分分别采用了不同的连接方式,因此 h 为 $Q/2$。表 3.1 列举了三相、五相及七相双层绕组永磁电机能够采用 Y-Δ 混合连接绕组结构所对应的定子槽数。然后,根据不同相数下永磁电机特定槽极配合间关系确定其转子极对数。需要说明的是,满足 $Z_0 = 2p_0 \pm 2$ 及 $Z_0 = 2p_0 \pm 4$ 槽极配合关系的双层绕组永磁电机可采用 Y-Δ 混合连接绕组,区别仅体现于星形连接线圈和三角形连接线圈的排布规律。

表 3.1   Y-Δ 混合绕组永磁电机槽数

正整数 h 电机相数 m	1	2	3	4
三相	12	24	36	48
五相	20	40	60	80
七相	28	56	84	112

3.2 磁动势谐波消除规律

上一节研究表明,能够采用 Y-Δ 混合连接绕组结构的永磁电机槽数与相数之间满足 $4mh = Z_0$ 的关系,但当 h 分别为奇数和偶数时,同一个线圈组内各线圈磁动势合成规律差异很大,使其磁动势谐波消除的特征也大相径庭。因此,本部分从 h 为奇数和偶数两方面开展 Y-Δ 混合连接绕组结构磁动势消除普遍原理的研究。

3.2.1 h 为奇数

Y 形连接的永磁电机,属于同一相的 N_{coil} 个线圈按照特定的排布规律组成两个线圈组,这两个线圈组分别放置于空间位置互差 π 的两个对称区间内。但对于 Y-Δ 混合连接的永磁电机而言,由于两个线圈组采用不同的连接方式而被均分为两部分。图 3.4 展示了 m 相 Y-Δ 混合连接绕组结构 h 分别为 1 和 3 时的局部槽矢量星形图,为方便描述将其划分为四个区间,分别用 S_1, S_3, S_2, S_4 表示,且其中实线表示星形连接的线圈,虚线表示三角形连接的线圈。若为 Y 形连接的永磁电机,区间 S_1 和 S_3 及区间 S_2 和 S_4 中所包含的槽矢量不会被分开,而是合成同一相线圈组磁动势。Y-Δ 混合连接的永磁电机,虽属于同一相线圈组,但区间 S_1 和 S_3 及区间 S_2 和 S_4 内槽矢量分属两种不同的连接方式。每个区间占据的空间位置为 $\pi/(2m)$,星形连接的线圈组和三角形连接的线圈组空间位置差为 $(\pi/2 - \pi/m)$,这个角度也等于永磁电机 h 个槽距角的大小,满足式(3.5)所示的关系式。

图 3.5 展示了 $h=1$ 和 $h=3$ 时沿圆周分布的磁动势,图中 F_v 表示同一区间内各线圈 v 次磁动势谐波幅值,根据第 2.2.4 节对绕组因数有关的研究,F_v 可表示为

$$F_v = \frac{I_Y N_Y k_{\text{wn}v}}{\pi v} = \frac{I_\Delta N_\Delta k_{\text{wn}v}}{\pi v} \tag{3.8}$$

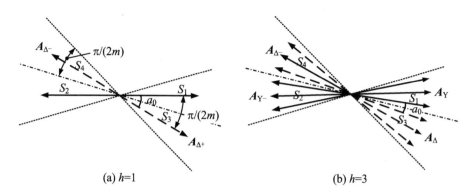

(a) h=1　　　　　　　(b) h=3

图 3.4　h 为奇数时局部槽矢量星形图

式中,I_Y,I_Δ,N_Y,N_Δ 分别表示两套绕组各线圈电流幅值和匝数。需要说明的是,尽管两套绕组电流存在相位差,但由于各自空间位置不同,故产生的磁动势等大同向。

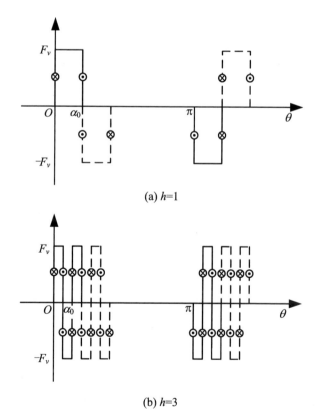

(a) h=1

(b) h=3

图 3.5　h 为奇数时磁动势分布

　　假设星形连接线圈组内起始线圈所形成的磁动势初始相位角为 0,则星形连接各线圈磁动势 $F_{Y\_1}(\theta,t)$, $F_{Y\_2}(\theta,t)$, $\cdots$, $F_{Y\_h}(\theta,t)$ 依次为

$$F_{Y\_1}(\theta,t)=F_v\sum_{v=1}^{\infty}\cos(v\theta\pm p_r\omega t)$$

$$\cdots \tag{3.9}$$

$$F_{Y\_h}(\theta,t)=(-1)^{(h-1)}F_v\sum_{v=1}^{\infty}\cos\left[v(\theta-(h-1)\alpha_0)\pm p_r\omega t\right]$$

式中,"$-$"和"$+$"号分别表示正、反向旋转的磁动势。同理可得,三角形连接线圈组内各线圈磁动势 $F_{\Delta\_1}(\theta,t)$, $F_{\Delta\_2}(\theta,t)$, $\cdots$, $F_{\Delta\_h}(\theta,t)$ 依次表示为

$$F_{\Delta\_1}(\theta,t)=-F_v\sum_{v=1}^{\infty}\cos\left[v(\theta-h\alpha_0)\pm(p_r\omega t-h\alpha_0)\right]$$

$$\cdots$$

$$F_{\Delta\_h}(\theta,t)=(-1)^h F_v\sum_{v=1}^{\infty}\cos\left[v(\theta-h\alpha_0-(h-1)\alpha_0)\pm(p_r\omega t-h\alpha_0)\right]$$

$$\tag{3.10}$$

各线圈磁动势合成后,可得 h 为奇数时 Y-Δ 混合连接绕组结构的相绕组磁动势:

$$F_A(\theta,t)$$
$$=-2F_v\sum_{v=1}^{\infty}\sum_{h=1}^{Q/2}\sin\left[\frac{h\alpha_0}{2}(v\pm1)\right]\sin\left[v\theta\pm p_r\omega t-\frac{h\alpha_0}{2}(v\pm1)-\frac{(h-1)v\alpha_0}{2}\right]$$

$$\tag{3.11}$$

从式(3.11)可以看出,当满足

$$\frac{h\alpha_0}{2}(v\pm1)=k\pi \quad (k\in\mathbf{Z}) \tag{3.12}$$

时,相绕组磁动势中 v 次谐波将被消除,所消除的磁动势谐波阶次可表示为

$$v=4mk\mp1 \quad (k\in\mathbf{Z}) \tag{3.13}$$

由此可见,利用 Y-Δ 混合连接绕组结构消除磁动势谐波的阶次与其相数密切相关,然而 h 为奇数的情况下,永磁电机采用 Y-Δ 混合连接绕组结构时始终不存在 1 次谐波。表 3.2 列举了不同相数及槽极配合永磁电机采用 Y-Δ 混合连接绕组结构时的磁动势谐波阶次。表中下划线数字所表示的谐波为采用 Y-Δ 连接绕组结构后所消除的磁动势谐波,表中粗体数字表示该槽极配合永磁电机

的工作次谐波,除此之外的数字表示磁动势中仍存在的谐波。如表可见,不同相数与槽极适配关系的永磁电机采用 Y-Δ 混合连接绕组结构后,1 次谐波均被消除,且相数相同时,不同槽极配合电机消除谐波情况完全相同。此外,磁动势谐波呈现成对消除的规律。

表 3.2　h 为奇数的 Y-Δ 混合连接绕组永磁电机磁动势谐波阶次

相数	槽极配合	磁动势谐波
三相	12 槽 10 极	1,**5**,7,11,13,17,19,23,25,29,31,35,37,41,43,47,49
	36 槽 34 极	1,5,7,11,13,**17**,19,23,25,29,31,35,37,41,43,47,49
五相	20 槽 18 极	1,**9**,11,19,21,29,31,39,41,49
	60 槽 58 极	1,9,11,19,21,**29**,31,39,41,49
七相	28 槽 26 极	1,**13**,15,27,29,41,43
	84 槽 82 极	1,13,15,27,29,**41**,43

3.2.2　h 为偶数

当 h 为偶数时,星形连接的线圈和三角形连接的线圈的排布规律及空间位置与 h 为奇数时情况基本相同,唯一区别是每个区间内所包含的槽矢量数量奇偶特征不同。图 3.6 展示了 h＝2 和 h＝4 时一相线圈组局部槽矢量星形图,且根据 h＝2 和 h＝4 时槽矢量星形图,可得沿圆周方向分布的各线圈磁动势,如图 3.7 所示。

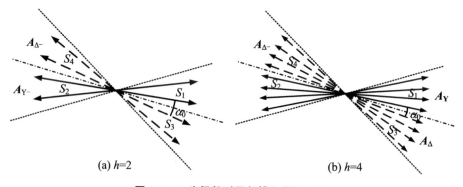

(a) h=2　　　　　　　　　(b) h=4

图 3.6　h 为偶数时局部槽矢量星形图

假设星形连接线圈组内起始线圈所形成的磁动势初始相位角为 0,则当 h 为偶数时星形连接的各线圈磁动势为

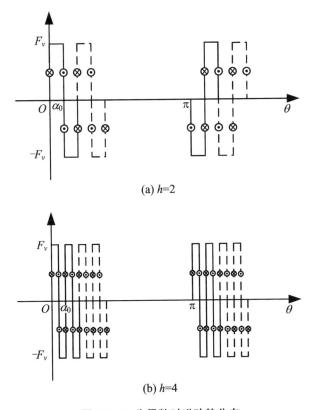

(a) $h=2$

(b) $h=4$

图 3.7　h 为偶数时磁动势分布

$$F_{\mathrm{Y\_1}}(\theta,t)=F_v\sum_{v=1}^{\infty}\cos(v\theta\pm p_{\mathrm{r}}\omega t)$$

$$\cdots \tag{3.14}$$

$$F_{\mathrm{Y\_h}}(\theta,t)=(-1)^{(h-1)}F_v\sum_{v=1}^{\infty}\cos[v(\theta-h\alpha_0)\pm p_{\mathrm{r}}\omega t]$$

式中，$F_{\mathrm{Y\_1}}(\theta,t)$ 和 $F_{\mathrm{Y\_h}}(\theta,t)$ 分别表示第 1 个和第 h 个星形连接线圈的磁动势。同理，三角形连接各线圈的磁动势 $F_{\Delta\_1}(\theta,t)$，$F_{\Delta\_2}(\theta,t)$，$\cdots$，$F_{\Delta\_h}(\theta,t)$ 依次为

$$F_{\Delta\_1}(\theta,t)=-F_v\sum_{v=1}^{\infty}\cos[v(\theta-h\alpha_0)\pm(p_{\mathrm{r}}\omega t-h\alpha_0)]$$

$$\cdots$$

$$F_{\Delta\_h}(\theta,t)=(-1)^{h}F_v\sum_{v=1}^{\infty}\cos[v(\theta-h\alpha_0-h\alpha_0)\pm(p_{\mathrm{r}}\omega t-h\alpha_0)]$$

$$\tag{3.15}$$

将式(3.14)和式(3.15)求和,得 h 为偶数的永磁电机采用 Y-Δ 混合连接方式时相绕组磁动势为

$$F_A(\theta,t)$$

$$= -2F_v \sum_{v=1}^{\infty} \sum_{h=1}^{Q/2} \cdot \cos\left[\frac{h\alpha_0}{2}(v \pm 1)\right] \sin\left[v\theta \pm p_r\omega t - \frac{h\alpha_0}{2}(v \pm 1) - \frac{(h-1)v\alpha_0}{2}\right]$$

$$(3.16)$$

从上式可以看出,当满足式

$$\frac{h\alpha_0}{2}(v \pm 1) = k\frac{\pi}{2} \quad (k = \pm 1, \pm 3, \pm 5, \cdots) \tag{3.17}$$

时,相绕组磁动势中 v 次谐波将被消除,消除的磁动势谐波阶次可表示为

$$v = 2mk \mp 1 \quad (k = \pm 1, \pm 3, \pm 5, \cdots) \tag{3.18}$$

由此可知,采用 Y-Δ 混合连接绕组结构所消除的磁动势谐波的阶次与电机相数相关,但与 h 为奇数情况的显著区别是,无论永磁电机相数是多少,1 次磁动势谐波始终无法消除。表 3.3 列出了 h 为偶数的情况下,永磁电机采用 Y-Δ 混合连接绕组结构时磁动势谐波阶次。如表可见,h 为偶数时,Y-Δ 混合连接绕组结构始终无法消除永磁电机中 1 次磁动势谐波,同样地,同相不同槽极配合的永磁电机所消除磁动势谐波的阶次完全相同,亦呈现出磁动势成对消除的特征。除此以外,随着永磁电机相数的增多,其磁动势谐波的阶次逐渐减少。因此,Y-Δ 混合连接绕组结构配合多相绕组,可实现分数槽集中绕组永磁容错电机磁动势谐波的有效消除。

表 3.3 h 为偶数的 Y-Δ 混合连接绕组永磁电机磁动势谐波阶次

相数	槽极配比	磁动势谐波
三相	24 槽 22 极	1,5,7,11,13,17,19,23,25,29,31,35,37,41,43,47,49
	48 槽 46 极	1,5,7,11,13,17,19,23,25,29,31,35,37,41,43,47,49
五相	40 槽 38 极	1,9,11,19,21,29,31,39,41,49
	80 槽 78 极	1,9,11,19,21,29,31,39,41,49
七相	56 槽 54 极	1,13,15,27,29,41,43

3.3　谐波消除规律的仿真研究

3.3.1　磁动势谐波及转子涡流损耗

为验证 Y-Δ 混合连接绕组结构磁动势谐波消除规律,优化设计四台不同槽极配合的三相分数槽集中绕组永磁电机,其槽极数间均满足 $Z_0 = 2p_0 \pm 2$ 的关系,且采用相同的转子永磁体结构。图 3.8 展示了 12 槽 10 极、24 槽 22 极、36 槽 34 极和 48 槽 46 极四台永磁电机定子绕组及转子结构示意图。如图所示,四台永磁电机转子均采用 Halbach 永磁阵列转子结构,这种永磁体结构不仅能改善永磁电机气隙磁密波形,而且可通过优化设计各组永磁体的充磁方向,省掉转子轭部铁心,有效地减轻了永磁电机的重量,因此,Halbach 永磁阵列结构在轻量化和高功率密度工程领域具有重要的应用价值。[116-118]除此以外,四台永磁电机均具有相同定子铁心材料以及相同厚度的不锈钢护套,护套结构不仅起保护永磁体及增加转子结构机械强度的作用,而且还可用其感应的涡流损耗间接表征 Y-Δ 混合连接绕组结构磁动势谐波的消除效果。定子绕组均采用 Y-Δ 混合连接绕组结构且具有相同的定子内径、外径及有效部分长度等设计参数。与此同时,图 3.8 中还标注出了四台永磁电机星形连接绕组(黑色标注)轴线与三角形连接绕组(浅灰色标注)轴线间的空间位置差,均为 $\pi/6$,这与3.2 节的分析结果一致。

由于定子绕组磁动势为定子绕组的安匝数,也就是说,磁动势为定子绕组的本质特征,因此在利用有限元方法计算绕组磁动势谐波时,将整个转子部件材料均设置为真空,或者将其整个转子移除。图 3.9 展示了四台 Y-Δ 混合连接绕组永磁电机的定子绕组磁动势谐波频谱,并与传统三相 Y 形连接绕组永磁电机做比较。此外,为便于比较各次磁动势谐波幅值,两种不同连接方式的永磁电机绕组磁动势谐波均以其工作次磁动势谐波为基准进行了标幺化。如图可见,当 12 槽 10 极和 36 槽 34 极永磁电机采用 Y-Δ 混合连接绕组结构时,可消除绕组磁动势中 1 次、11 次、13 次、23 次、25 次等阶次的谐波,而对于 24 槽

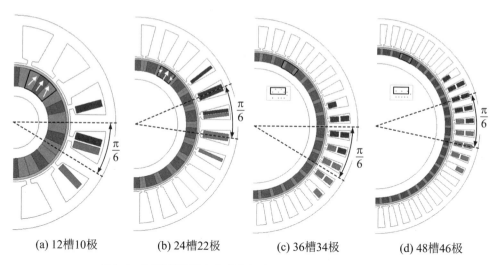

(a) 12槽10极　　　　(b) 24槽22极　　　　(c) 36槽34极　　　　(d) 48槽46极

图 3.8　不同槽极配合永磁电机定子绕组及转子结构示意图

22 极和 48 槽 46 极永磁电机采用 Y-Δ 混合连接绕组结构时,可消除 5 次、7 次、17 次,19 次等阶次的磁动势谐波。这与 3.2 节 Y-Δ 混合连接绕组结构磁动势谐波消除规律的理论研究结果相一致。此外,也验证了 h 为奇数的永磁电机始终能够消除 1 次谐波,而 h 为偶数的永磁电机 1 次谐波始终存在的结论。还可以看出,h 为奇数或偶数时,采用 Y-Δ 混合连接绕组结构消除磁动势谐波阶次仅与电机相数有关,与其槽极配合无关。相同槽极配合下,Y-Δ 混合连接绕组结构工作次谐波幅值大于 Y 形连接绕组,间接验证了 Y-Δ 混合连接绕组结构绕组因数大的结论。

绕组磁动势谐波在空间旋转速度与转子旋转速度不同步,会在转子护套和永磁体中感应出涡流,进而产生涡流损耗,转子涡流损耗不仅与导体的电导率相关,还与磁动势谐波的频率和旋转方向相关。图 3.10 展示了不同槽极配合永磁电机采用 Y-Δ 混合连接绕组结构时的转矩以及相同转速下的护套涡流损耗,并与传统星形连接绕组结构做比较。从图 3.10(a)可以看出,随着槽极数的增加,永磁体块数增多使极间漏磁严重,进而引起转矩下降,且齿槽转矩由于槽极数最小公倍数的增加而减少,从而使其转矩脉动下降。从图 3.10(b)可见,采用 Y-Δ 混合连接绕组结构时,永磁电机能够有效地抑制护套涡流损耗,且随着槽极配合的增加,护套涡流损耗的减少量越来越明显。这是因为随着槽极数的增加,采用 Y-Δ 连接绕组结构所消除的磁动势谐波阶次增多,进而使其涡流

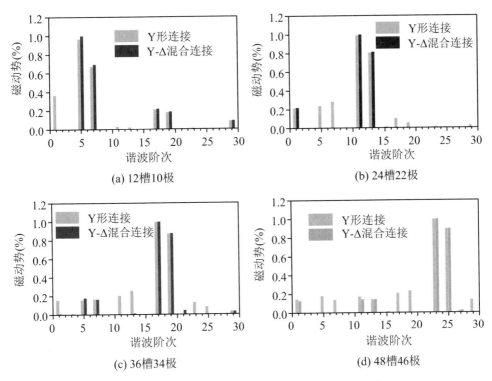

图 3.9　不同槽极配合永磁电机绕组磁动势谐波频谱

损耗减少量增加。从图 3.9 可以看出,槽极配合较大的永磁电机,其绕组磁动势谐波幅值也较大,尤其是感生涡流损耗的第一阶绕组齿谐波,由此可知槽极配合较大的永磁电机护套涡流损耗大于槽极数较低永磁电机,这似乎与图 3.10 所呈现的护套涡流损耗变化关系相矛盾。其实不然,这是由谐波等效分段效应对涡流损耗的影响机制引起的,接下来将对谐波等效分段效应进行研究,鉴于篇幅的原因,谐波等效分段效应的研究仅以 12 槽 10 极和 24 槽 22 极两台永磁电机为例进行。

3.3.2　谐波等效分段效应

　　谐波等效分段效应的揭示需要依赖各阶次磁动势谐波产生的涡流损耗,本部分将采用等效点电流有限元研究模型,定量计算各次谐波产生的涡流损耗。图 3.11 展示了 12 槽 10 极永磁电机有限元模型及对应的等效点电流有限元计算模型。所谓的等效点电流有限元模型,即为用均匀分布于定子圆周表面的有

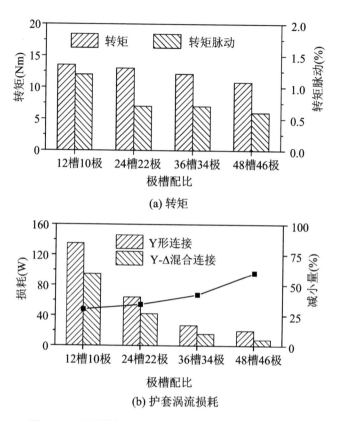

图 3.10　不同槽极配合永磁电机转矩及护套涡流损耗

限数量且足够小的点电流代替原定子绕组结构,产生特定阶次磁动势谐波的等效计算模型。每个等效点电流幅值均相同,其幅值与永磁电机的电负荷相关,各点电流所载电流的相位则由其数量和相邻两点电流间空间位置决定[46]。通过等效点电流有限元计算模型可模拟任一阶次的定子绕组磁动势谐波,实现绕组磁动势谐波的分离,以定量计算谐波涡流损耗。

图 3.12 展示了 12 槽 10 极与 24 槽 22 极 Y-Δ 混合连接的永磁电机绕组磁动势谐波频谱,如图可见,12 槽 10 极电机 7 次绕组齿谐波幅值最大,不存在 1 次谐波,13 次绕组齿谐波是 24 槽 22 极电机的主要阶次谐波。利用等效点电流有限元模型分别计算两台电机的谐波涡流损耗如图 3.13 所示。如图可见,绕组齿谐波是产生涡流损耗的主要阶次谐波,产生的涡流损耗占总涡流损耗的 90% 以上。此外,12 槽 10 极电机 7 次齿谐波产生的涡流损耗大于 24 槽 22 极电机 13 次绕组齿谐波涡流损耗。

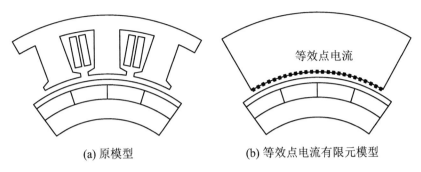

(a) 原模型　　　　　　　　(b) 等效点电流有限元模型

图 3.11　12 槽 10 极永磁电机模型

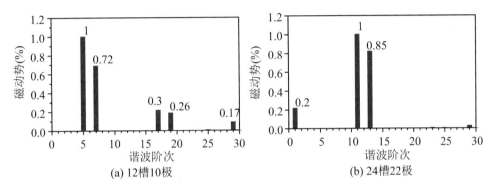

(a) 12槽10极　　　　　　　　(b) 24槽22极

图 3.12　绕组磁动势谐波频谱

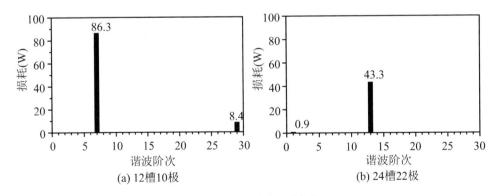

(a) 12槽10极　　　　　　　　(b) 24槽22极

图 3.13　对应谐波涡流损耗

图 3.14 展示了不同阶次的空间谐波 v_1 和 v_2 与其感应涡流关系示意图。等效电流片产生不同阶次的空间谐波,随即在导体中感应出涡流。感应涡流环路路径及环路数与空间谐波的阶次一致,这表明,在 v 次谐波产生涡流损耗的过程中,护套已经默认被分割成 v 段,且谐波阶次越大,相应的分段数也越多,

涡流损耗会随分段数的增多而降低,即所谓的谐波的等效分段效应。通常而言,由于永磁体本身的物理分段作用,很难通过探究永磁体分段对涡流损耗的影响体现谐波的等效分段效应,这是因为极对数为 p_0 的永磁电机,永磁体已经在物理上被分为 $2p_0$ 块,与此同时,主要感生涡流损耗的第一阶绕组齿谐波阶次 $(Z_0 - p_0)$ 大于永磁体极对数 p_0。根据谐波的等效分段效应不难解释,在同样的转子护套中,13 次绕组齿谐波感生的涡流损耗由于谐波等效分段效应的影响而小于 7 次绕组齿谐波感生的涡流损耗。

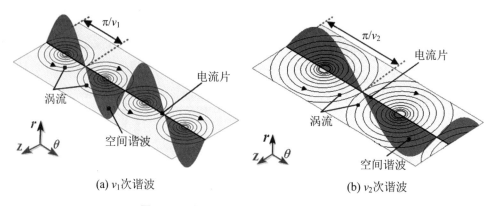

(a) ν_1 次谐波   (b) ν_2 次谐波

图 3.14   空间谐波与感应涡流关系示意图

图 3.15 展示了 12 槽 10 极永磁电机 7 次齿谐波和 24 槽 22 极永磁电机 13 次齿谐波产生的涡流损耗随护套周向分段数变化关系。需要说明的是,转子护套起保护永磁体和增加转子机械结构强度的作用,实际应用中不可能对其进行周向分段,此部分的研究仅出于探究性考虑,以此来揭示考虑空间谐波等效分段效应时,转子护套涡流损耗随其周向分段数的变化关系。如图 3.15(a) 可知,当护套周向分 13 段时,7 次齿谐波涡流损耗与 13 次齿谐波涡流损耗相同。从图 3.15(b) 可以看出,在护套分段数小于 7 时,12 槽 10 极永磁电机 7 次绕组齿谐波在护套中感生的涡流损耗几乎不受周向分段数的影响,同样地,在护套周向分段数小于 13 时,24 槽 22 极永磁电机 13 次绕组齿谐波在其护套中感生的涡流损耗也几乎不随其周向分段数变化。然而,当护套周向分段数大于对应永磁电机绕组齿谐波阶次时,其涡流损耗将随周向分段数的增多而逐渐降低,且当 12 槽 10 极永磁电机护套周向分段数为 13 时,其 7 次绕组齿谐波感生的护套涡流损耗将与 24 槽 22 极永磁电机不分段时 13 次绕组齿谐波感生的涡流损耗相同,这充分说明了谐波的等效分段效应对永磁电机涡流损耗的影响。

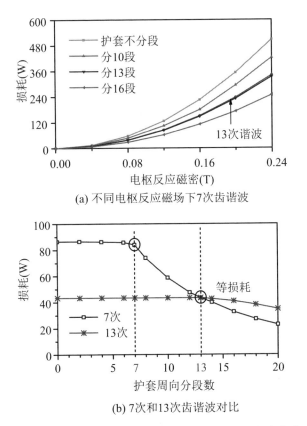

(a) 不同电枢反应磁场下7次齿谐波

(b) 7次和13次齿谐波对比

图 3.15　7 次和 13 次齿谐波涡流损耗随周向分段数变化关系

图 3.16 展示了两台永磁电机绕组磁动势谐波在护套中感应涡流密度云图,图中两个磁密云图设置有相同的色标等级。如图所示,一个完整的护套圆周,7 次绕组齿谐波感生的涡流的周期数为 7,而 13 次绕组齿谐波感生涡流的周期数为 13。利用等效点电流有限元模型计算两台电机的 7 次和 13 次谐波电枢反应磁场磁力线,如图 3.17 所示,图中标注了这两次谐波磁力线变化周期,与图 3.14 所呈现的空间谐波与感应涡流关系相吻合,进一步验证了永磁电机谐波的等效分段效应。

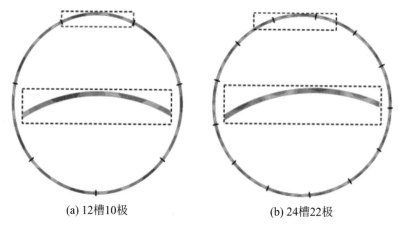

(a) 12槽10极   (b) 24槽22极

图 3.16   各次谐波涡流密度云图

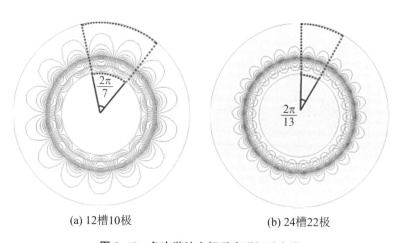

(a) 12槽10极   (b) 24槽22极

图 3.17   各次谐波电枢反应磁场磁力线

3.4   12 槽 10 极 Y-Δ 混合连接绕组永磁容错电机

3.4.1   电机拓扑结构

图 3.18 分别展示了采用传统 Y 形连接和 Y-Δ 混合连接绕组结构的 12 槽 10 极永磁容错电机与其绕组端部连接示意图。公平起见,两种不同连接方式

的永磁容错电机仅存在绕组结构上的差异,其余尺寸参数均相同,且设计时保证其槽满率基本相同。需要说明的是,Y-Δ 混合连接绕组永磁电机两套绕组匝数间满足 $\sqrt{3}$ 倍的关系,但由于匝数必须为整数,因此在相同线径情况下,无法保证两台电机槽满率完全相同。为了获得较好的电磁性能与容错性能,这两台电机均经过了全面的优化,优化过程不再赘述。转子采用 Halbach 永磁阵列结构,每对极均包含三块不同充磁方向的永磁体组,充磁方向如图中箭头所示。分数槽集中绕组结构配合 Halbach 永磁阵列转子结构,不仅能够较大程度地改善电机的空载反电势波形,而且无铁心转子结构有助于提升其功率密度,以及降低高速运行过程中的转动惯量。表 3.4 列出了 12 槽 10 极 Y-Δ 混合连接绕组永磁容错电机的主要设计参数。

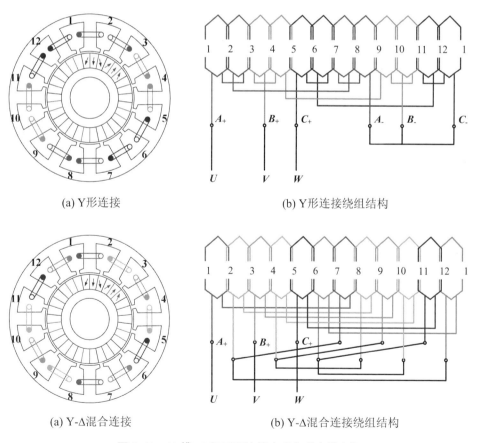

(a) Y 形连接　　　　　　　　　(b) Y 形连接绕组结构

(a) Y-Δ 混合连接　　　　　　　(b) Y-Δ 混合连接绕组结构

图 3.18　12 槽 10 极不同连接方式永磁容错电机

表 3.4　12 槽 10 极 Y-Δ 混合连接绕组永磁电机主要设计参数

参数(单位)	符号	值
定子外径(mm)	D_{so}	90
定子内径(mm)	D_{si}	50
电机有效部分长度(mm)	l	120
气隙长度(mm)	g	0.5
护套厚度(mm)	g_{sl}	1
永磁体厚度(mm)	h_{pm}	8
额定转速(r/min)	n	3000
电流幅值(A)	I_m	50
剩磁(T)	B_r	1.28
铁心材料	—	B20AT1500

为保证两台永磁容错电机有相同的槽满率,其匝数、并绕股数间需满足下述关系:

$$N_Y N_{BY} + N_\Delta N_{B\Delta} = 2NN_B \qquad (3.19)$$

式中,N_Y,N_Δ 和 N_{BY},$N_{B\Delta}$ 分别表示 Y-Δ 混合连接永磁容错电机星形分量和三角形分量的匝数和并绕股数,N 和 N_B 分别表示 Y 形连接永磁容错电机的匝数和并绕股数。按照 0.5 的槽满率设计,可确定星形分量和三角形分量的匝数分别为 19 和 33,其并绕股数分别为 3 和 2。相应地,Y 形连接永磁容错电机的匝数为 31,并绕股数为 2。经计算,选取 0.75 mm 漆包线线径时,两台永磁电机槽满率分别为 0.524 和 0.52,验证了槽满率基本相同的结论。表 3.5 列出了 12 槽 10 极 Y 形连接和 Y-Δ 混合连接永磁容错电机的绕组参数,且添加了由 Y-Δ 混合连接方式转换为 Y 形连接时的绕组参数做对比。如表可见,由于为短时运行工况,该永磁容错电机电流密度均相对较高。Y-Δ 混合连接绕组星形分量和三角形分量的电流密度不同,但差距较小。当 Y-Δ 混合连接方式直接转换为 Y 形连接方式时,原星形分量和三角形分量线圈中电流密度差距变大,此时定子齿部、轭部饱和程度不均匀现象加剧,不利于永磁容错电机性能的提升。

表 3.5　不同连接方式永磁容错电机绕组参数

	Y 形连接	Y-Δ 混合连接		Y-Δ 混合连接转换 Y 形连接	
		星形分量	三角形分量	星形分量	三角形分量
绕组匝数	31	19	33	19	33
裸线/漆包线线径 D_c(mm)	0.69/0.75	0.69/0.75	0.69/0.75	0.69/0.75	0.69/0.75
并联支路数	2	2	2	2	2
电流幅值 I(A)	28.9	50	28.9	28.9	28.9
并绕股数 N_B	2	3	2	3	2
电流密度 J(A/mm^2)	15.2	14.8	15.2	10.1	15.2

图 3.19 展示了三种不同连接方式永磁容错电机的相绕组磁动势示意图，图中两辅助圆外径均相同。如图所示，由于 12 槽 10 极 Y-Δ 混合连接绕组永磁容错电机不存在分布效应，其相绕组磁动势大于采用传统 Y 形连接方式的永磁容错电机。此外，Y-Δ 混合连接方式直接转换为 Y 形连接方式时，相绕组磁动势牺牲很大，加之其定子饱和程度不均匀现象严重，因此，在不改变电机相数与其控制策略的前提下，两种连接方式不宜直接转换。

3.4.2　空载电磁性能

图 3.20 展示了该 12 槽 10 极 Y-Δ 混合连接绕组永磁容错电机的网格及空载磁力线。为保证有限元计算精度，对该电机各部件进行分部剖分，尤其对电磁性能计算精度至关重要的气隙部分进行三层剖分，气隙部分网格局部放大图如小圆圈中所示。由此可见，该永磁容错电机有限元仿真模型各部分网格质量均比较高，能够保证仿真研究时的计算精度。从图 3.20(b) 可以看出，Halbach 永磁阵列转子结构能够显著抑制永磁体极间漏磁，与此同时，能够很好地将空载磁力线限制于永磁体内部而不依赖转子铁心。

图 3.21 展示了该 12 槽 10 极 Y-Δ 混合连接绕组永磁容错电机的空载气隙磁密及其谐波频谱。由于采用分数槽集中绕组和 Halbach 永磁阵列转子结构，该电机空载气隙磁密波形比较正弦，其基波幅值约为 1.1 T，其他谐波幅值均比较小。通常而言，空载气隙磁密中谐波阶次应为基波的奇数倍次谐波，然而该

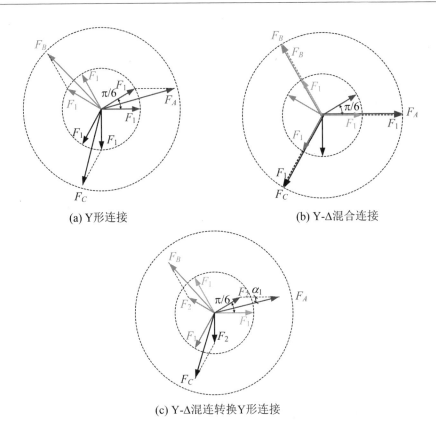

(a) Y形连接   (b) Y-Δ混合连接

(c) Y-Δ混连转换Y形连接

图 3.19　不同连接方式相绕组磁动势示意图

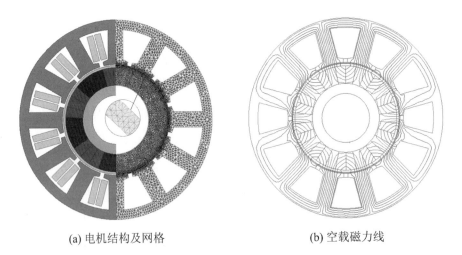

(a) 电机结构及网格   (b) 空载磁力线

图 3.20　12 槽 10 极 Y-Δ 混合连接绕组永磁容错电机网格与磁力线

电机磁密中存在一些幅值很小的 7 次、17 次、19 次等阶次的空间谐波,这些谐波由定子齿调制作用产生,其阶次与定子槽数、基波阶次间满足磁场调制理论关系。[119-120]

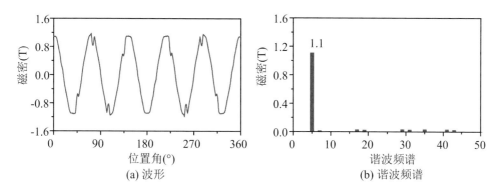

图 3.21　12 槽 10 极 Y-Δ 混合连接绕组永磁容错电机空载气隙磁密及其谐波频谱

图 3.22 所示为该 12 槽 10 极 Y-Δ 混合连接绕组永磁容错电机的空载反电势和齿槽转矩。由于该电机空载气隙磁密波形比较正弦,故两套绕组空载反电势波形均比较正弦。三角形分量空载反电势峰值约为星形分量空载反电势峰值的 1.732 倍,相位上滞后星形分量 π/6,其间关系满足 3.2.2 节理论分析结果。齿槽转矩周期数与永磁电机槽数和极数的最小公倍数密切相关,具体可表述为,在一个机械周期内,齿槽转矩周期数等于其槽数和极数的最小公倍数。[121-124]如图 3.22(b)所示,该 12 槽 10 极永磁容错电机的齿槽转矩在一个电周期内脉动数为 12。由此可知,在一个机械周期内齿槽转矩周期数与其槽数和极数的最小公倍数相同,且由于齿槽转矩脉动数较多,其齿槽转矩相对较小,峰值仅为 22 mNm。

3.4.3　负载电磁性能

图 3.23 展示了该 12 槽 10 极 Y-Δ 混合连接绕组永磁容错电机在理想正弦电流激励下的转矩波形。星形绕组电流幅值为 50 A,根据 Y-Δ 混合连接方式两套绕组间电流关系,三角形绕组电流幅值约为 28.9 A,而且星形绕组相位上超前三角形绕组 π/6。从其转矩波形可以看出,当采用理想正弦电流激励时,两台电机转矩脉动均比较小,且在保证相同槽满率时,Y-Δ 混合连接绕组结构能够大幅提高电机的输出转矩。需要说明的是,采用 Y-Δ 混合连接绕组结构

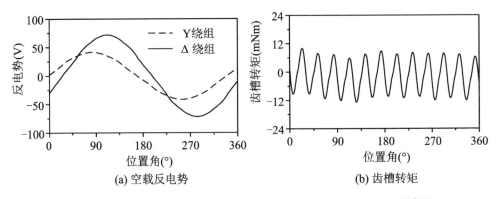

图 3.22 12 槽 10 极 Y-Δ 混合连接绕组永磁容错电机空载反电势和齿槽转矩

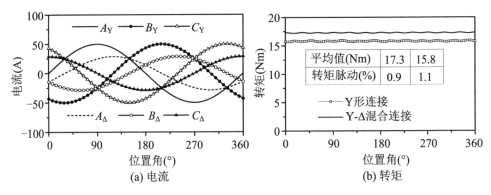

图 3.23 12 槽 10 极 Y-Δ 混合连接永磁容错电机电流和转矩

时,由绕组因数增加引起的转矩提升幅度约为 3.5%,其转矩之所以有如此大的提升,是因为在保证两台电机槽满率相同时,无法保证其铜耗相同。

为模拟 Y-Δ 混合连接绕组结构,在 ANSYS Simplorer 中搭建如图 3.24(a)所示的电磁有限元与驱动电路联合仿真模型,其中逆变器部分采用三相全桥拓扑结构,将有限元模型各端子进出线按照图 3.24(b)所对应的 Y-Δ 混合连接绕组端子进行连接。

图 3.25 展示了该 12 槽 10 极永磁容错电机在 Y-Δ 混合连接方式下的相电流与转矩波形。如图可见,利用联合仿真计算得到的相电流波形较为正弦,但由于存在较大高频电流谐波,致使其转矩脉动大幅增加。相比理想正弦电流激励下的电磁转矩,非正弦 PWM 供电方式下该电机稳态后电磁转矩平均值为 16.7 Nm,下降约 3.5%,稳态后转矩脉动由 0.9% 增加到 15.8%。这说明,非

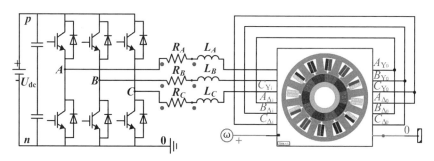

(a) 联合仿真模型

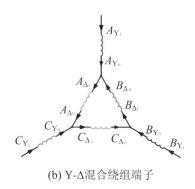

(b) Y-Δ混合绕组端子

图 3.24　12 槽 10 极 Y-Δ 混合连接永磁容错电机联合仿真模型

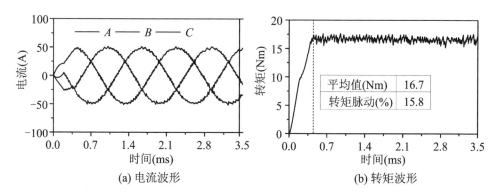

(a) 电流波形　　　　　　　　　　(b) 转矩波形

图 3.25　12 槽 10 极 Y-Δ 混合连接永磁容错电机联合仿真电流和转矩

正弦供电方式下,电流谐波不仅引起电磁转矩一定程度的跌落,而且极大增加了其转矩脉动。[125-126]

　　图 3.26 展示了该 Y-Δ 混合连接绕组永磁容错电机星形分量和三角形分量的自感和互感。图中互感 I 包括星形分量各相间的互感 $A_Y B_Y$,$A_Y C_Y$,$C_Y B_Y$,三角形分量各相间互感 $A_\Delta B_\Delta$,$A_\Delta C_\Delta$,$C_\Delta B_\Delta$,以及星形分量和三角形分量不同

相间的互感 A_YB_Δ，A_YC_Δ，C_YB_Δ，…。互感 Ⅱ 类型表示星形分量和三角形分量同一相间互感，即 A_YA_Δ，B_YB_Δ，C_YC_Δ。需要注意的是，若是传统 Y 形连接绕组永磁容错电机，这两个不同连接方式的线圈组属于同一相绕组，此时互感 Ⅱ 即为该相绕组的自感，所以，在 Y-Δ 混合连接绕组永磁容错电机中，互感 Ⅱ 的值与图 3.26(a)中 Y 形分量绕组的自感值相当。除此以外，由于三角形分量匝数多于星形分量匝数，故其自感值远大于星形分量的自感值。从图 3.26(b)可以看出，星形和三角形同一相间的互感非常小，说明该混合绕组永磁电机具有较强的相间独立性，加之其自感值较大，尤其是三角形连接的绕组，因此该电机在相间故障方面有较强的容错能力。

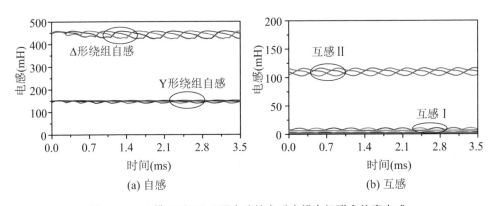

图 3.26　12 槽 10 极 Y-Δ 混合连接永磁容错电机联合仿真电感

图 3.27 展示了采用联合仿真计算和理想正弦电流激励下永磁容错电机的铁心损耗与涡流损耗。如图可见，由于联合仿真时定子电枢绕组中会引入很多低阶次和高阶次的电流谐波，所以产生的电磁损耗波动很大。整体来看，用两种方法计算的铁心损耗变化趋势完全一致，铁心损耗随电流变化达到稳定后，平均值相差较小，这说明电流谐波对铁心损耗的影响相对较小，这是因为该类型永磁容错电机的电枢反应磁场远弱于永磁磁场，而定子铁心损耗主要受永磁磁场影响，因此电枢反应磁场对其影响很小。然而，对于转子涡流损耗，两种方法计算结果差距相对较大，这是因为涡流损耗不仅由电枢反应磁场空间谐波引起，而且也与定子电枢电流时间谐波有关，其谐波的增加必然会引起涡流损耗的变化，尤其是当永磁容错电机电频率很高时，计算转子涡流损耗需要考虑电流谐波的影响。[127]

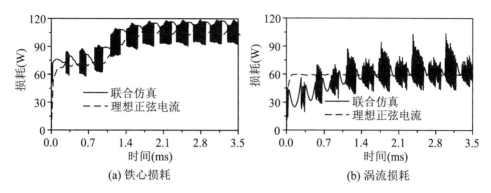

图 3.27　12 槽 10 极 Y-Δ 混合连接永磁容错电机联合仿真损耗

3.5　实　验　验　证

3.5.1　实验样机及测试平台

图 3.28 展示了该 12 槽 10 极 Y-Δ 混合连接绕组永磁容错电机的样机实物图。如图所示,其绕组端部紧凑,不存在相绕组间交叠现象,且相邻两线包间用高性能绝缘纸 NHN6650 隔开,实现物理上的隔离,极大增强了各相绕组间独立性,进而大幅提升了其容错性能。除此以外,绕组端部紧凑,从而缩短了电机端部预留空间,有效降低了整机重量,使其功率密度得以提升。转子采用 Halbach 永磁阵列结构,为保证其结构完整性与机械强度,转子外表面用不锈钢护套包裹。由于该电机为高速舵用永磁电机,其转子外径较小。此外,为了方便接线,该电机每个线包均设计引出线,其 12 根引出线由端部孔穿出。图 3.29 所示为样机测试平台。

3.5.2　样机测试及性能评估

表 3.6 展示了该样机实测电阻和电感值,并与有限元计算值相比较。如表可见,实测电阻和电感值与有限元计算值基本吻合,三角形实测电阻约为星形实测电阻的 2.6 倍,其电感比值约为 3,这是因为电阻与匝数和并绕股数相关,

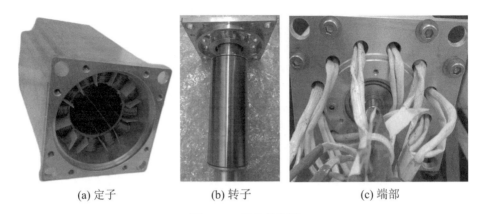

(a) 定子　　　　　　　　　(b) 转子　　　　　　　　　(c) 端部

图 3.28　样机实物图

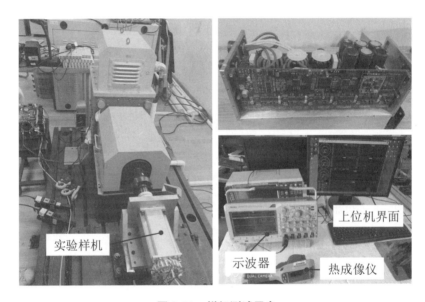

实验样机

示波器　　上位机界面　　热成像仪

图 3.29　样机测试平台

而电感仅与匝数的平方成正比,实测电阻和电感比值与理论计算结果相一致,验证了该 Y-Δ 混合连接永磁容错电机在样机定子制造和绕组绕制过程中的正确性与可靠性。

图 3.30 展示了样机在 3000 r/min 时星形分量和三角形分量的空载反电势及其谐波频谱,并与有限元计算值做对比。需要说明的是,由于 Y-Δ 混合连接绕组永磁电机在实际连接过程中无中性点引出,无法直接测试其一相的空载反电势,因此,在测试相绕组空载反电势时需将绕组端部打开,分别测试其星形分

量和三角形分量的空载反电势。如图所示,实测反电势波形与有限元计算值较为吻合,三角形分量空载反电势峰峰值约为星形分量的 1.732 倍,相位上滞后星形分量 π/6,符合先前理论分析结果。从其谐波频谱可以看出,实测空载反电势基波幅值较有限元计算值小,这是因为永磁体在实际加工过程中通常采用负公差和表面镀层处理,使其尺寸偏小,且数量较多的永磁体贴装使得误差累积严重,导致实测值偏小。

表 3.6　样机实测和仿真电阻和电感值

	计算电阻(mΩ)	实测电阻(mΩ)	仿真电感(μH)	实测电感(μH)
A_Y		48.13	147.57	143.23
B_Y	47.43	48.97	143.01	141.49
C_Y		48.23	142.94	150.28
A_Δ		120.16	432.04	452.15
B_Δ	123.56	124.38	432.61	429.62
C_Δ		115.48	431.08	433.20

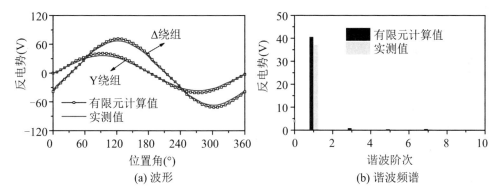

(a) 波形　　　　　　(b) 谐波频谱

图 3.30　12 槽 10 极 Y-Δ 混合连接永磁容错电机空载反电势及其谐波频谱

图 3.31 展示了该 Y-Δ 混合连接绕组永磁容错电机在转速为 1050 r/min、10 kHz 载波频率下星形分量相电流波形与其对应的谐波频谱。如图可见,其相电流波形正弦度相对较低,整个相电流波形呈现出较大的"毛刺"。从其谐波频谱可以看出,该电机相电流中不仅存在一些幅值较大的低阶次电流谐波,而且存在较大的高频次边带电流谐波,这些高频边带电流谐波会对永磁电机产生许多不利的影响。例如,产生较大的转子涡流损耗、转矩脉动及电磁振动噪

声等。

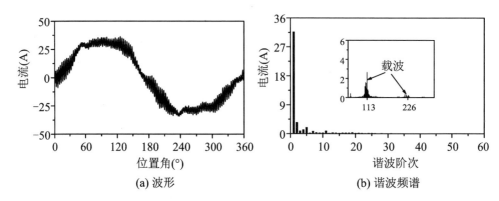

(a) 波形   (b) 谐波频谱

图 3.31　12 槽 10 极 Y-Δ 混合连接永磁容错电机相电流

图 3.32 展示了该永磁容错电机在额定带载工况下的转矩和总损耗,并与有限元计算值相比较。如图可见,相比于有限元计算值,该电机实测转矩值偏小且转矩脉动显著增加。这是因为利用有限元方法计算时默认由理想正弦电流激励,未考虑电流谐波、控制方式、测试平台等因素对电磁转矩的影响。需要说明的是,在利用有限元方法计算负载总损耗时引入了校正因数,旨在定性评估有限元计算过程中无法被考虑的机械损耗,校正时默认其机械损耗仅与输入功率有关,约占其输入功率的 3%。如图所示,校正后有限元预测值与实测值较为吻合,相对而言,低转速区误差较大,随着转速的增加,误差逐渐减少。

图 3.33 比较了该 12 槽 10 极 Y-Δ 混合连接绕组永磁容错电机在不同转矩和转速工况下效率的测试值与有限元计算值。可以看出,在低转矩区和低转速区实测效率与有限元计算值间误差相对较大,尤其是低转矩区,这是由转矩传感器在低转矩区测量精度低所致的。但是随着转矩和转速的增加,有限元计算值与实测效率值间误差逐渐减少。此外,误差产生的另一个原因是,有限元计算过程中无法考虑摩擦、风阻等损耗对电机效率的影响。随负载转矩增加,传感器测量精度逐渐提高,且在高转速区摩擦和风阻等因素对永磁容错电机效率的影响程度逐渐变小。

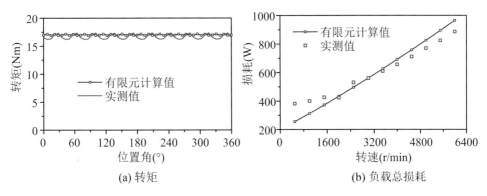

(a) 转矩　　　　　　　　　　　　　(b) 负载总损耗

图 3.32　12 槽 10 极 Y-Δ 混合连接永磁容错电机转矩及损耗

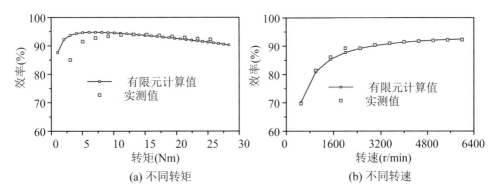

(a) 不同转矩　　　　　　　　　　　(b) 不同转速

图 3.33　12 槽 10 极 Y-Δ 混合连接永磁容错电机不同工况下效率

本 章 小 结

本章从 Y-Δ 混合连接绕组结构特点与电路理论角度出发,剖析了星形绕组和三角形绕组电流和匝数时空特征关系,研究表明,采用 Y-Δ 混合连接绕组结构的永磁容错电机相数与槽极配合间满足 $Z_0 = 4mh$ 的特定关系,并在此基础上,探明了 Y-Δ 混合连接绕组结构磁动势谐波消除的一般性规律。研究表明,当 h 为奇数时,满足 $v = 4mk \pm 1 (k = 0, \pm 1, \pm 2, \cdots)$ 阶的磁动势谐波被消除;而当 h 为偶数时,满足 $v = 2mk \pm 1 (k = \pm 1, \pm 3, \pm 5, \cdots)$ 阶的磁动势谐波被消除。此外,建立了不同槽极配合 Y-Δ 混合连接绕组永磁电机仿真研究模型,验证了其磁动势谐波消除原理的正确性,并基于 12 槽 10 极和 24 槽 22 极永磁电机,揭示了谐波等效分段效应对其涡流损耗的影响。优化设计了该 12 槽 10 极 Y-Δ 混合连接绕组永磁容错电机,研究了其空载和额定负载电磁性能。最后,研制了该低谐波永磁容错电机试验样机,完成了相关电磁性能的测试与评估,验证了 Y-Δ 混合连接绕组结构低谐波设计技术的可行性。

第 4 章　永磁容错电机的转子磁障低谐波设计

第 3 章所呈现的 Y-Δ 混合连接绕组低谐波设计技术从同一相绕组线圈组内相移方式入手,通过改变线圈组合成因数来实现永磁容错电机低谐波设计的目的。不论是 Y-Δ 混合连接绕组结构的低谐波设计技术,还是改变绕组分布效应和相绕组合成因数的低谐波设计技术,虽能够有效抑制或消除某些特定阶次的磁动势谐波,但这些方法或多或少增加了绕组结构的复杂性,有些甚至会牺牲集中绕组结构高相间独立性的独特优点。除此以外,改变绕组结构的低谐波设计技术大都适用于双层绕组结构,使其在永磁容错电机领域的应用受到极大的限制。

本章将从转子结构入手,着重开展单层绕组表贴式永磁容错电机转子磁障的低谐波设计技术。首先,分析引入转子磁障后电枢反应磁场谐波磁路特征,在此基础上建立相应的谐波等效磁导模型,结合第 2 章永磁容错电机绕组磁动势的分析研究,推导该类型永磁容错电机引入转子磁障后的电枢反应磁密,基于转子磁障的调制作用,研究磁障与电枢反应磁密间定量关系。然后,对这两台有、无磁障永磁容错电机的电磁性能、热性能及机械性能进行仿真研究,验证新设计低谐波永磁容错电机的优越性与转子磁障低谐波设计技术的合理性。最后,研制实验样机,搭建测试平台,进行相应电磁性能及温度的测试。

4.1　电机拓扑结构

图 4.1 展示了两台单层绕组表贴式五相 20 槽 22 极永磁容错电机的拓扑

结构。相比原永磁容错而言,新设计永磁容错电机显著特征如下:转子铁心轭部位置设计适当宽度的长条形磁障,以此最大限度地抑制其低阶次电枢反应磁场谐波。磁障设计需遵循两个原则:一是最小化磁障对永磁磁场的影响;二是最大化限制除工作次谐波以外的其余电枢反应磁场谐波。[128-131]两台永磁容错电机定子齿由绕制线圈的电枢齿以及起磁、热隔离作用的容错齿组成,以输出转矩及相绕组互感与自感比值为优化目标,对两台永磁容错电机电枢齿和容错齿进行优化,优化过程不再赘述。容错齿与集中绕组相互配合,极大地增加了各相绕组间独立性,大幅提升了电机的容错性能。两台电机均采用表贴式结构,极弧设计半凸起铁心定位齿,定位永磁体位置的同时亦可以防止其沿圆周方向滑动。转子磁障为条形结构,位于各极永磁体中间转子铁心轭部位置,如此设计可最大限度地限制低阶次电枢反应磁场,同时最小化磁障对永磁磁场的影响。此外,两台永磁容错电机均采用五相绕组结构,以提升控制自由度。[132]

图4.2展示了两台永磁容错电机槽矢量星形图与其绕组连接示意图。由于线圈A_+和A_-空间相差10个槽距,其空间相位差为2π,加之两线圈A_+和A_-绕制方向相反,因此属于一相的两个线圈实际空间相位差为0,合成后A相绕组的反电势是线圈组反电势的两倍。值得注意的是,引入转子磁障后不可避免地降低了转子结构的完整性和机械强度,然而对于外转子永磁电机结构而言,可由机壳内侧燕尾槽与孤立转子铁心外侧燕尾齿相互配合来保证其转子结构完

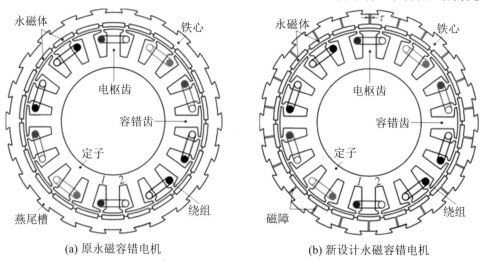

(a) 原永磁容错电机　　　　　　　　(b) 新设计永磁容错电机

图4.1　永磁容错电机拓扑结构

整性,此部分内容将于 4.5.5 节做进一步阐述。由于转子磁障结构为两台永磁容错电机的唯一区别特征,故仅列出了新设计永磁容错电机的主要设计参数,如表 4.1 所示。可见,兼顾电机电磁性能和容错性能时,电枢齿宽与容错齿宽度不同。另外,以对永磁磁场影响最小化和电枢反应磁场限制最大化为优化目标,对转子磁障宽度进行优化,优化后选取磁障所对应的圆心角 α_{fb} 为 $1.2°$。

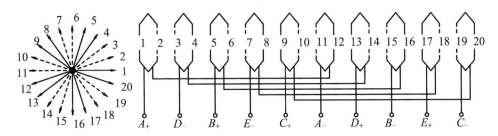

图 4.2　槽矢量星形图及绕组连接示意图

表 4.1　新设计永磁容错电机主要设计参数

参数(单位)	符号	值
定子外径(mm)	D_{so}	125
定子内径(mm)	D_{si}	72
电枢齿宽(mm)	w_{ART}	9.6
容错齿宽(mm)	w_{FTT}	8
气隙长度(mm)	l	0.5
永磁体厚度(mm)	h_{pm}	3
永磁体极弧系数(p.u.)	α_{pm}	0.9
磁障圆心角(°)	τ	1.2
磁障数量	N_{fb}	22
电机有效部分长度(mm)	g	60
槽数	N_{s}	20
极对数	p_{r}	22
相数	m	5
额定转速(r/min)	n	800
电流幅值(A)	I_{m}	14.14
永磁体材料	—	NdFe35H
铁心材料	—	DW465_50

4.2 电枢反应磁场

电枢反应磁场由电枢绕组磁动势激励产生,其与电机的磁路结构和各次谐波磁路特征密切相关。本部分基于新设计永磁容错电机,分析引入磁障后电枢反应磁场谐波磁路特征,建立相应的谐波等效磁导模型,推导新设计永磁容错电机的电枢反应磁密,为揭示转子磁障与磁密谐波间定量关系奠定理论基础。在电枢反应磁密推导过程中,先做以下假设:

(1) 忽略转子定位齿对转子磁导的影响,即假设永磁体极弧系数为1;

(2) 定、转子铁心磁导无穷大,即不考虑饱和对电枢反应磁场的影响。

图 4.3 所示为转子轭部引入磁障前、后两台永磁容错电机电枢反应磁场谐波等效磁路模型,图中回路线表示电枢反应磁场 v 次谐波磁力线。需要说明的是,电枢反应磁场含有许多阶次的空间谐波,图中仅象征性地绘制了某一低阶次谐波的磁力线,由于空间各谐波阶次不同,其磁回路的路径亦不相同。当然这是比较理想的情况,实际由于定子齿槽、永磁磁场以及磁路饱和等因素的影响,v 次电枢反应磁场谐波磁路路径并非如图中所示般规则。由于永磁磁场谐波不参与电枢反应磁密的计算,因此图中永磁体部分实质已不存在或已将其设置为空气。相较而言,原永磁容错电机电枢反应磁场 v 次谐波仅经过两次气隙及两次永磁体所在区域,而新设计永磁容错电机除经过上述两个区域外,同时也经过了不同数目的转子磁障,经过的磁障数目与电枢反应磁场谐波阶次密切相关。电枢反应磁场谐波阶次越低,其波长越长,该次谐波经过的磁障数目也越多,由此可见,低阶次电枢反应磁场谐波具备长磁路特征,会经过更多的转子磁障,对电枢反应磁场的限制作用也愈明显。高阶次谐波波长较短,其磁路一般为短回路,使其穿过较少数量的磁障,甚至不经过转子磁障,因此受磁障的影响很小。根据电枢反应磁场谐波等效磁路模型,可得其沿圆周方向对应的磁导分布波如图 4.4 所示,图中 τ 和 T 分别表示一个磁障所对应的圆心角和一个转子极所对应的极弧角。

两台永磁容错电机电枢反应磁场 v 次谐波所对应的磁导值 P_1 和 P_2 可表

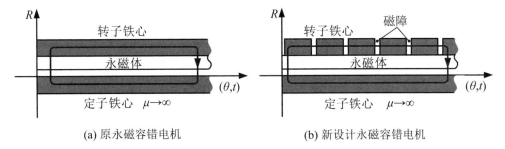

(a) 原永磁容错电机　　　　　　(b) 新设计永磁容错电机

图 4.3　谐波等效磁路模型

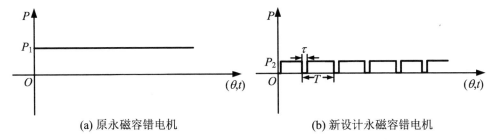

(a) 原永磁容错电机　　　　　　(b) 新设计永磁容错电机

图 4.4　磁导分布波

示为

$$\begin{cases} P_1 = \dfrac{1}{\rho_1} = \dfrac{1}{2\rho_{\text{gap}} + 2\rho_{\text{PM}}} \\ P_2 = \dfrac{1}{\rho_2} = \dfrac{1}{2\rho_{\text{gap}} + 2\rho_{\text{PM}} + \rho_{v\_\text{fb}}} \end{cases} \tag{4.1}$$

式中, ρ_{gap} 和 ρ_{PM} 分别表示气隙与永磁体对应的磁阻, ρ_{v_fb} 表示 v 次电枢反应磁场谐波所经过的转子磁障对应的磁阻。假设 v 次电枢反应磁场谐波经过所有 p_{r}/v 数量的转子磁障,则 ρ_{v_fb} 可表示为

$$\rho_{v\_\text{fb}} = \rho_0 \frac{p_{\text{r}}}{v} \tag{4.2}$$

式中, ρ_0 表示一个磁障对应的磁阻, p_{r} 为转子永磁体极对数。从式(4.2)可以看出,电枢反应磁场谐波阶次越低,穿过转子磁障的数量也越多,转子磁障对该阶次谐波的限制作用愈明显。对图 4.4 所示的磁导分布波进行傅里叶分解,对应磁导函数分别为

$$P_{\text{or}}(\theta, t) = P_1 \tag{4.3}$$

$$P_{\text{nd}}(\theta) = A + BSa\left(\frac{n\pi\tau}{T}\right)\sum_{n=1,3,5,\cdots}\cos(nN_{\text{fb}}\theta) \tag{4.4}$$

式中，$P_{\text{or}}(\theta,t)$ 和 $P_{\text{nd}}(\theta,t)$ 分别表示原永磁容错电机和新设计永磁容错电机的磁导函数，式中，A 和 B 分别为与 τ/T 和磁导值有关的常数，可写为

$$A = \left(1 - \frac{\tau}{T}\right)P_2, \quad B = \left(\frac{2\tau}{T}\right)P_2 \tag{4.5}$$

由于两台永磁容错电机定子结构及绕组连接方式完全相同，且均采用对称正五相绕组结构，根据第 2.2 节合成磁动势相关的研究，得其绕组磁动势的表达式为

$$F(\theta,t) = F_{\text{m}\varphi v}\sum_{v=1}^{\infty}\cos(v\theta \pm p_{\text{r}}\omega t) \tag{4.6}$$

式中，$F_{\text{m}\varphi v}$ 为 v 次磁动势谐波幅值，可写为

$$F_{\text{m}\varphi v} = \frac{5IN_{\text{turn}}}{v\pi}k_{\text{wn}v} \tag{4.7}$$

磁密等于单位面积上磁动势与磁导的乘积[133-134]，即

$$B(\theta,t) = F(\theta,t)P(\theta) \tag{4.8}$$

联立式(4.6)和式(4.7)，得原永磁容错电枢反应磁密表达式为

$$B_{\text{or}}(\theta,t) = P_1 F_{\text{m}\varphi v}\sum_{v=1}^{\infty}\cos(v\theta \pm p_{\text{r}}\omega t) \tag{4.9}$$

同理可推导出新设计永磁容错电机电枢反应磁密为

$$B_{\text{nd}}(\theta,t) = AF_{\text{m}\varphi v}\sum_{v=1}^{\infty}\cos(v\theta \pm p_{\text{r}}\omega t)$$

$$+ \frac{BF_{\text{m}\varphi v}}{2}Sa\left(\frac{n\pi\tau}{T}\right)\sum_{v=1}^{\infty}\sum_{n=1,3,5,\cdots}\left\{\cos(v + nN_{\text{fb}})\left[\theta \pm \frac{p_{\text{r}}}{v + nN_{\text{fb}}}\omega t\right]\right\}$$

$$+ \frac{BF_{\text{m}\varphi v}}{2}Sa\left(\frac{n\pi\tau}{T}\right)\sum_{v=1}^{\infty}\sum_{n=1,3,5,\cdots}\left\{\cos(v - nN_{\text{fb}})\left[\theta \mp \frac{p_{\text{r}}}{v - nN_{\text{fb}}}\omega t\right]\right\}$$

$$\tag{4.10}$$

上式中，第一项表示与原永磁容错电枢反应磁密阶次相同的空间谐波，但是各次谐波幅值相比原永磁容错电机有所下降，降幅百分比为 $(P_1 - A)/P_1 \times 100\%$，这说明 A 值越小，磁障对谐波的抑制效果越明显。由于 A 值与 τ/T 和 P_2 相关，所以磁障所对应的圆心角与其材料的磁阻对新设计永磁容错电机电枢反应磁场谐波的影响极大。式中，第二、三项表示引入磁障后新设计永磁容

错电机电枢反应磁场通过调制效应产生的空间谐波,其中某一些谐波阶次与原永磁容错电机电枢反应磁场谐波阶次相同,有些则不同,但这些谐波的阶次均满足磁场调制关系。为最小化磁障对永磁磁场的影响,τ/T 值通常比较小,使得这些调制谐波的幅值较小。综上所述,新设计的永磁容错电机转子磁障存在双重作用:一是抑制电枢反应磁场谐波,抑制效果与各次谐波所经过磁障的数量相关;二是产生调制效应,但转子磁障的调制效果比较微弱,对永磁容错电机影响较小。

表 4.2 比较了原永磁容错电机和新设计永磁容错电机的电枢反应磁密谐波,计算时取 $n=1$,表中加粗字体表示新设计永磁容错电机由调制效应产生的空间谐波。可见,任一 v 次电枢反应磁场谐波经过磁障后会调制产生 $v+N_{\mathrm{fb}}$ 和 $|v-N_{\mathrm{fb}}|$ 次谐波,这些调制谐波有一些是新增加的,如 3,7,17,23,33 等阶次谐波,而有一些是原永磁容错电枢反应磁场中已存在的谐波,如 1,9,11,21,31 等阶次谐波。这说明新设计永磁容错电机电枢反应磁场谐波幅值的变化来源于两个方面,A 值变小以及某些谐波的调制增幅作用。

表 4.2　永磁容错电机电枢反应磁密谐波对比

$v=mk+1$ ($k=0,1,2,\cdots$)	$v=mk-1$ ($k=1,2,3,\cdots$)	v 次谐波	$v+N_{\mathrm{fb}}$ 次谐波	$\lvert v-N_{\mathrm{fb}}\rvert$ 次谐波
1		1	**23**	21
	9	9	31	**13**
11		11	**33**	11
	19	19	41	**3**
21		21	**43**	1
	29	29	51	**7**
31		31	**53**	9
	39	39	61	**17**
41		41	**63**	29
	49	49	71	**27**

4.3　转子磁障与磁密谐波间定量关系

根据上一节分析可知,引入磁障后某些阶次的电枢反应磁密谐波由两部分组成,研究转子磁障与电枢反应磁密谐波间定量关系,需阐明这些谐波的分布特征与其间内在联系,本节将从这个方面入手开展磁障与电枢反应磁密定量关系的研究。

当原永磁容错电枢反应磁场中任意两阶次谐波 v 和 v' 满足 $v = |v' - nN_{fb}|$ $(n = N_+)$ 关系时,引入转子磁障后这些阶次的电枢反应磁场谐波幅值变化来源于两个方面。此时,新设计永磁容错电机 v 次谐波电枢反应磁密可写为

$$B_{nd\_v}(\theta,t) = AF_{m\varphi v}\cos(v\theta \pm p_r\omega t)$$
$$+ \frac{BF_{m\varphi v'}}{2}Sa\left(\frac{n\pi\tau}{T}\right)\sum_{n=1}\cos(v\theta \pm p_r\omega t) \tag{4.11}$$

式中,第一项表示原永磁容错电机电枢反应磁场已存在的谐波分量,后一项表示由 v' 次谐波通过调制作用产生的谐波分量,这两部分共同组成了新设计永磁容错电机 v 次电枢反应磁密谐波。

相反地,当原永磁容错电枢反应磁场中谐波 v 和 v' 不满足 $v = |v' - nN_{fb}|$ $(n = N_+)$ 关系时,转子磁障对电枢反应磁场的影响仅表现为使幅值减小,这些阶次谐波的电枢反应磁密仅来源于原电枢反应磁场谐波。此时,v 次电枢反应磁密谐波为

$$B_{nd\_v}(\theta,t) = AF_{m\varphi v}\cos(v\theta \pm p_r\omega t) \tag{4.12}$$

定义引入磁障前后,v 次谐波电枢反应磁密幅值变化量为

$$k_1 = \left(1 - \frac{B_{nd\_v}}{B_{or\_v}}\right) \times 100\% \tag{4.13}$$

联立式(4.12)和式(4.13),可推导出转子磁障与 v 次谐波电枢反应磁密变化量之间的定量关系,可写为

$$k_1 = \begin{cases} 1 - \left(1 - \dfrac{\tau}{T}\right)\dfrac{P_2}{P_1} - \left[\left(\dfrac{v}{v'}\cdot\dfrac{k_{wnv'}}{k_{wnv}}\right)\dfrac{\tau}{T}\cdot\displaystyle\sum_{n=1,3,5,\cdots}Sa\left(\dfrac{n\pi\tau}{T}\right)\right]\dfrac{P_2}{P_1}, & v = |v' - nN_{fb}| \\[4mm] 1 - \left(1 - \dfrac{\tau}{T}\right)\dfrac{P_2}{P_1}, & v \neq |v' - nN_{fb}| \end{cases}$$

$$\tag{4.14}$$

从上式可以看出,引入转子磁障后 v 次谐波电枢反应磁密幅值减小量与该次谐波调制作用、磁导比值 P_2/P_1、转子磁障占空比 τ/T 以及原谐波和调制谐波的阶次和绕组因数相关。联立式(4.1)和式(4.2)可得磁导 P_2 和 P_1 的比值:

$$\frac{P_2}{P_1} = \frac{2h_{\text{gap}} + 2h_{\text{PM}}}{2h_{\text{gap}} + 2h_{\text{PM}} + \tau R\left(\dfrac{p_r}{v}\right)} \tag{4.15}$$

图 4.5 计算了引入磁障后 1 次和 9 次谐波电枢反应磁密幅值变化量随转子磁障圆心角 τ 的变化关系。如图可见,1 次谐波电枢反应磁密变化量大于 9 次谐波,且随 τ 的增加呈现出不同的变化趋势。1 次谐波在 τ 较小时,就能对其电枢反应磁密产生显著的抑制效果,但随 τ 的增加,电枢反应磁密下降幅度逐渐变缓,而 9 次谐波受转子磁障的影响几乎是线性的。理想情况下,当磁导 P_2 的值无穷大时,v 次谐波电枢反应磁密将被完全消除,但是转子磁障的增大会牺牲永磁容错电机的输出转矩,因此,磁障宽度的选取需兼顾其对电机输出转矩的影响和对电枢反应磁场的抑制作用两个方面。

综上所述,通过设置转子磁障并适当调整其宽度,可有效地限制某些阶次的电枢反应磁场谐波,尤其是长磁路低阶次电枢反应磁场谐波,但对高阶次电枢反应磁场谐波的限制极为有限,说明该类型转子磁障低谐波设计技术宜适用于极对数较大的永磁电机。

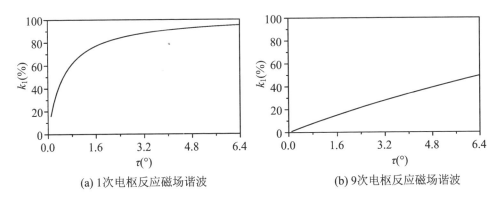

(a) 1 次电枢反应磁场谐波　　　　　(b) 9 次电枢反应磁场谐波

图 4.5　永磁容错电机各次谐波电枢反应磁密幅值变化量随 τ 变化关系

4.4　仿　真　研　究

4.4.1　空载气隙磁密和反电势

图 4.6 展示了原永磁容错电机和新设计永磁容错电机的空载磁力线。如图可见,由于转子磁障呈细状条形结构且位于永磁体中部位置,空载磁力线径向穿过相邻两永磁体极间位置而绕开磁障,因此,这种转子磁障低谐波设计技术不会影响其永磁磁场或者影响很小。图 4.7 所示为两台永磁容错电机的空载气隙磁密与其谐波频谱,图中 PMFT 为永磁容错(Permagnet-Magent Fault-Tolerant)的缩写。如图所示,引入磁障前后,两台电机空载气隙磁密波形基本重合,从其谐波频谱也可以看出,各次谐波幅值几乎相同,说明新设计永磁容错电机的转子磁障结构满足该类型低谐波设计技术其中一个原则:最小化磁障对永磁磁场的影响。空载气隙磁密谐波频谱中存在较大的 33 次谐波,为基波的奇数倍次谐波。除此以外,还存在较小的 3 次、9 次、29 次、31 次等阶次的空间谐波,这些谐波由转子磁障和定子齿双重调制作用产生,其间关系满足磁场调制理论。

图 4.8 所示为两台永磁容错电机的空载反电势波形与谐波频谱。如图可见,其空载反电势波形存在局部上微小的差别,但峰值完全相同。由其谐波频谱可见,新设计永磁容错电机基波反电势幅值稍低于原永磁容错电机,进一步验证了磁障对永磁磁场影响小的结论。然而,3 次和 5 次谐波幅值显著降低,说明转子磁障的引入在一定程度上能够改善其空载反电势波形。

4.4.2　绕组磁动势谐波

根据第 2.4 节研究可知,对称正五相单层绕组永磁电机的绕组磁动势为

$$\begin{cases} F_{\mathrm{f}}(\theta,t)=F_{\mathrm{m}\varphi v}\sum_{v=1}^{\infty}\cos(v\theta-p_{\mathrm{r}}\omega t), & v=10k-1\ (k\in\mathbf{Z}) \\[2mm] F_{\mathrm{b}}(\theta,t)=F_{\mathrm{m}\varphi v}\sum_{v=1}^{\infty}\cos(v\theta+p_{\mathrm{r}}\omega t), & v=10k+1\ (k\in\mathbf{Z}) \end{cases} \tag{4.16}$$

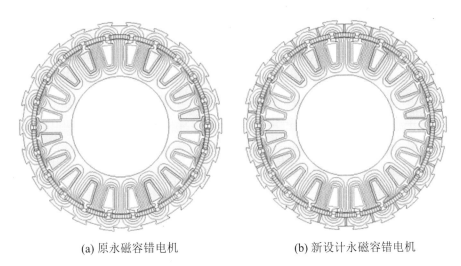

(a) 原永磁容错电机　　　　　　　　(b) 新设计永磁容错电机

图 4.6　20 槽 22 极永磁容错电机空载磁力线

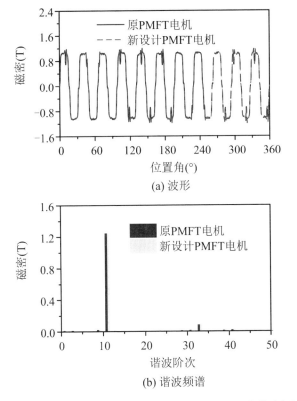

(a) 波形

(b) 谐波频谱

图 4.7　20 槽 22 极永磁容错电机空载气隙磁密与其谐波频谱

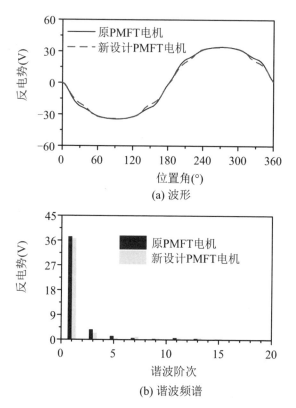

(a) 波形

(b) 谐波频谱

图 4.8　20 槽 22 极永磁容错电机空载反电势与其谐波频谱

式中,$F_{m\varphi\upsilon}$ 表示 υ 次谐波磁动势谐波幅值,可由式(4.7)计算。本章所设计的永磁容错电机定子电枢齿和容错齿所对应的槽距角不同,其空间磁动势谐波幅值会存在一定的差距,但其阶次不会发生变化。图 4.9 展示了等槽距角和不等槽距角两种定子齿结构示意图,图中,θ_{ART} 和 θ_{FTT} 分别表示电枢齿和容错齿所对

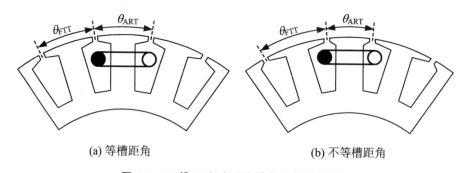

(a) 等槽距角　　　　　　　　　　　　(b) 不等槽距角

图 4.9　20 槽 22 极永磁容错电机定子齿结构

应的槽距角。由第 2.2.4 节节距因数相关分析可知,该永磁容错电机的节距因数可表示为

$$k_{pf v} = \sin\left(v\, \frac{\theta_{ART}}{2}\right) \tag{4.17}$$

图 4.10(a)展示了这两台永磁容错电机 1 次、9 次和 11 次磁动势谐波随电枢齿槽距角变化关系,并以其工作次谐波为基准进行标幺化。如图所示,在 θ_{ART} 为[10°,30°]的范围内,1 次、9 次、11 次磁动势谐波变化规律各不相同,1 次谐波幅值随 θ_{ART} 的增加持续增加,而 9 次和 11 次谐波均呈现出先增加后降低的趋势,但 11 次磁动势谐波变化程度较 9 次谐波大。相比于等槽距角($\theta_{ART} = 18°$)情况,当 $\theta_{ART} = 15°$ 时,1 次和 9 次磁动势谐波均较小,因此,本章两台永磁容错电机的电枢齿槽距角均为 15°。图 4.10(b)所示为等槽距角($\theta_{ART} = \theta_{FTT} = 18°$)和不等槽距角($\theta_{ART} = 15°$,$\theta_{FTT} = 21°$)时定子磁动势谐波频谱。相较而言,采用不等槽距角结构的永磁容错电机,其 1 次和 9 次磁动势谐波幅值下降,但其 1 次磁动势谐波幅值仍然很大。本章所研究的转子磁障低谐波设计技术能够有效抑制 1 次电枢反应磁场谐波。因此,在此基础上还可以适当选取较大的电枢齿槽距角,在利用转子磁障消除低阶次电枢反应磁场谐波的同时,亦能够较大程度地抑制其绕组齿谐波。

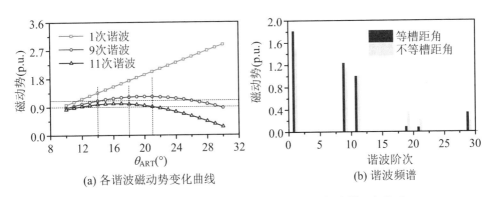

(a) 各谐波磁动势变化曲线　　　　(b) 谐波频谱

图 4.10　20 槽 22 极永磁容错电机磁动势与电枢齿槽距角关系

4.4.3　电枢反应磁密谐波

图 4.11 展示了两台永磁容错电机在额定负载工况下的电枢反应磁密云图。如图所示,引入转子磁障后,原永磁容错电机定、转子轭部的电枢反应磁密

显著降低。图 4.12 比较了这两台电机电枢反应磁密及其谐波频谱。可见,新设计永磁容错电机电枢反应磁密波形在 $B=0$ 轴上、下部分更对称。从其谐波频谱可以看出,引入转子磁障后,1 次谐波电枢反应磁密显著降低,而 9 次齿谐波和 11 次工作次谐波略微下降,这说明了转子磁障低谐波设计技术的另一个原则:最大化限制除工作次谐波以外的其余阶次的电枢反应磁场谐波。除此以外,新设计永磁容错电机还存在 3 次、7 次、13 次等一些新阶次的谐波,这些谐波由转子磁障调制作用产生,其阶次与转子磁障数、磁动势谐波阶次间满足调制理论关系,与 4.2 节理论分析结果吻合。

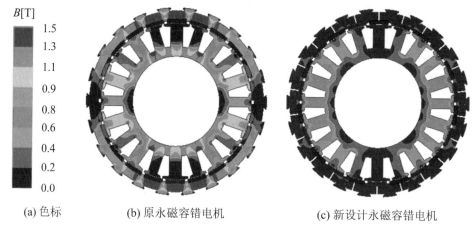

$B[\mathrm{T}]$

| 1.5 |
| 1.3 |
| 1.1 |
| 0.9 |
| 0.8 |
| 0.6 |
| 0.4 |
| 0.2 |
| 0.0 |

(a) 色标　　　　(b) 原永磁容错电机　　　　(c) 新设计永磁容错电机

图 4.11　20 槽 22 极永磁容错电机电枢反应磁密云图

为定量评估新设计电机转子磁障对各阶次电枢反应磁场谐波的抑制效果,同样采用等效点电流有限元计算模型来分离各阶次电枢反应磁密谐波,关于等效点电流有限元模型的描述和构建已在第 3 章中阐述,此处不再赘述。利用等效点电流有限元计算模型进行谐波分离后,两台永磁容错电机各主要阶次谐波的电枢反应磁密磁力线如图 4.13 所示。可以看出,由于 1 次电枢反应磁密谐波磁路较长,其穿过了较多的转子磁障,因此受磁障的抑制效果非常明显,而 9 次齿谐波、11 次工作次谐波与其以上高阶次谐波由于磁回路较短,受磁障的抑制效果有限。

图 4.14 和图 4.15 分别展示了两台永磁容错电机 1 次和 9 次谐波电枢反应磁密及其谐波频谱。相较而言,新设计永磁容错电机 1 次谐波电枢反应磁密峰值显著降低,其波形正弦度下降,而 9 次谐波的变化较小。从其谐波频谱可

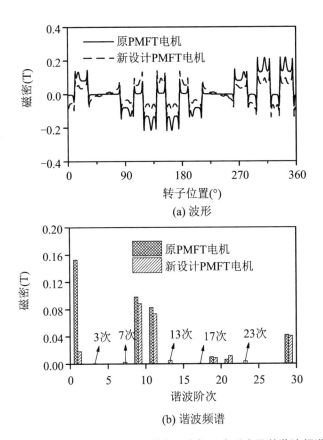

(a) 波形

(b) 谐波频谱

图 4.12　20 槽 22 极永磁容错电机电枢反应磁密及其谐波频谱

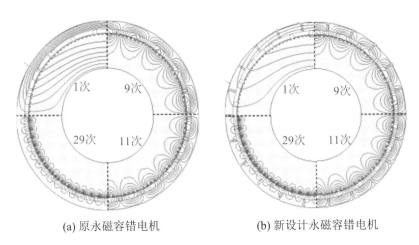

(a) 原永磁容错电机　　　　　　　　(b) 新设计永磁容错电机

图 4.13　20 槽 22 极永磁容错电机电枢反应磁力线

以看出,引入磁障后,1次谐波电枢反应磁密谐波幅值变小,同时调制产生21和23次等阶次谐波,故使其波形正弦度下降。然而,9次谐波电枢反应磁密受转子磁障的影响很小,由于转子磁障调制作用,该次谐波产生13次电枢反应磁密谐波。

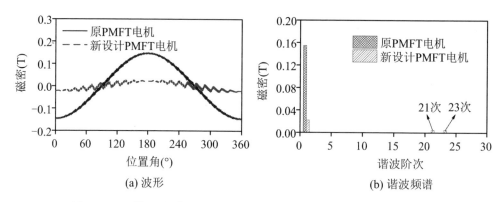

(a) 波形   (b) 谐波频谱

图 4.14　20 槽 22 极永磁容错电机 1 次谐波电枢反应磁密及其谐波频谱

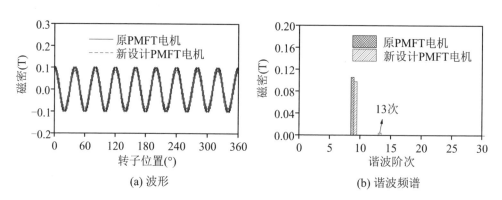

(a) 波形   (b) 谐波频谱

图 4.15　20 槽 22 极永磁容错电机 9 次谐波电枢反应磁密及其谐波频谱

图 4.16(a)比较了引入磁障前后,1次和9次电枢反应磁密谐波幅值变化量的有限元计算值,并与理论计算值相比较。可见,两种方法计算得到的1次电枢反应磁密谐波减幅量随磁障变化关系存在较大的差异,而9次谐波计算误差很小。这是因为理论计算中默认1次谐波电枢反应磁密经过所有的 p_r 个转子磁障,而有限元计算中由于电机磁路结构的复杂性,其并非经过全部的 p_r 个转子磁障,两种方法计算时所呈现的1次谐波电枢反应磁密磁力线如图 4.16(b)所示。然而,对于9次短磁路的电枢反应磁密谐波,受磁障的影响较小,故计算误差也相对较小。此外,磁路饱和也是两种方法产生计算误差的原因,理

论计算时未考虑磁路饱和对电枢反应磁密计算的影响。

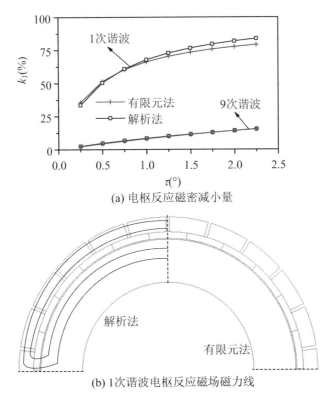

(a) 电枢反应磁密减小量

(b) 1次谐波电枢反应磁场磁力线

图 4.16　20 槽 22 极永磁容错电机电枢反应磁密变化量

4.4.4　电磁转矩与转子损耗

图 4.17 展示了新设计永磁容错电机的转矩及其脉动随磁障宽度的变化关系,并与原永磁容错电机做比较。如图可见,引入磁障后,该永磁容错电机转矩随磁障宽度持续下降,而其转矩脉动随磁障变化呈现先降低后增大的趋势,以最小化磁障对转矩的影响,本设计选取 $\tau = 1°$,两台电机转矩均值相差很小,转矩脉动也有一定程度的下降。

电枢反应磁场谐波会产生较大的转子损耗,其中包括涡流损耗和铁心损耗。一般来说,叠片式转子铁心结构由于对涡流环路的限制作用很大,且转子铁心旋转频率与主要次电枢反应磁场谐波交变频率相差较小,因此转子铁心损耗通常较小。但当电机转速较高且采用电工铁或者厚度较大的铁心叠片时,转子铁心损耗会大幅增加。本章所设计的两台永磁容错电机均采用 0.5 mm 厚

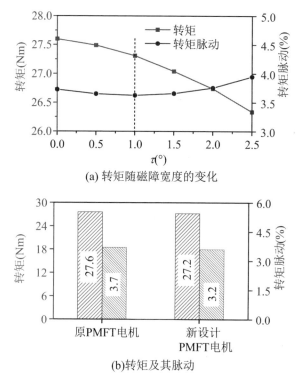

(a) 转矩随磁障宽度的变化

(b)转矩及其脉动

图 4.17   20 槽 22 极永磁容错电机转矩及其脉动

硅钢片,转子铁心损耗相对较大。图 4.18 展示了两台电机转子铁心损耗与转子涡流损耗随转速变化关系。如图可见,当原永磁容错电机引入磁障后,其转子铁心损耗和转子涡流损耗均有所降低,但转子铁心损耗减幅远大于转子涡流损耗的减幅。这说明,转子磁障对转子铁心损耗的抑制效果非常显著,而对涡流损耗的抑制效果有限。这是因为转子铁心损耗主要是由低阶次电枢反应磁场谐波引起的,而转子涡流损耗则主要由离工作波谐波最近的第一阶绕组齿谐波产生。

4.4.5 热分析及转子结构稳定性

图 4.19 展示了新设计永磁容错电机的整机模型及其剖面图。由于该电机为外转子结构,机壳外表面为圆形且无散热片,转轴不仅起固定定子铁心的作用,同时也是定子铁心和绕组部分传导散热的主要部件。此外,两台电机的散热通道还有机壳与其两侧端盖,端部设计为骨架式法兰盘结构,一方面可以加

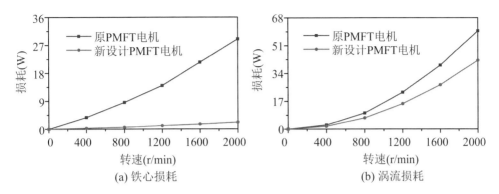

(a) 铁心损耗　　　　　　　　　　　(b) 涡流损耗

图 4.18　20 槽 22 极永磁容错电机转子损耗随转速变化关系

强电机内部散热,另一方面便于利用热成像仪实时监测其内部温度。流体动力学不可避免地与热模型相互联系,气隙内流体类型和端部绕组区域对流状态可由 Motor-CAD 热分析软件计算得出。图 4.20 和图 4.21 分别展示了这两台永磁容错电机在相同电流密度 7.2 A/mm^2、转速 800 r/min 和环境温度 22 ℃情况下的径向温度分布。与此同时,它们定子内表面和转轴接触面对流热传递系数设置为 150 W/(m^{2}K)。[135-137]如图可见,无论是额定负载工况还是过载工况,由于新设计永磁容错电机转子损耗较原永磁容错电机小,所以其各部件温度均低于后者。绕组与定子齿部位置温度最高,这是因为铜耗和定子铁心损耗是其主要的损耗,加之定子散热困难,热量聚集且难以有效散热,致使这些部分温度骤升。过载工况下电机内温度会很高,长时过载运行严重影响绕组的绝缘性能与永磁体的磁性能。

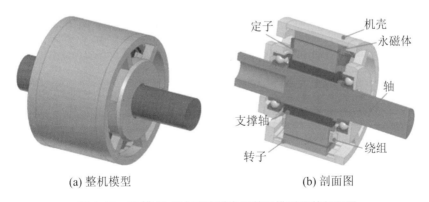

(a) 整机模型　　　　　　　　　　(b) 剖面图

图 4.19　20 槽 22 极永磁容错电机整机模型及其剖面图

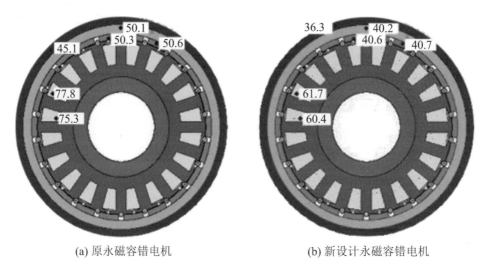

(a) 原永磁容错电机　　　　　　(b) 新设计永磁容错电机

图 4.20　20 槽 22 极永磁容错电机额定负载情况下径向温度分布

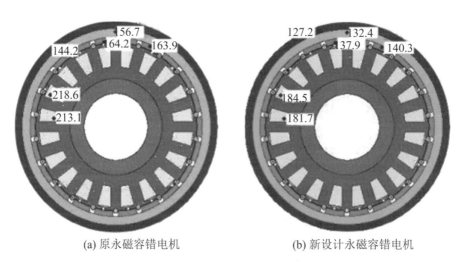

(a) 原永磁容错电机　　　　　　(b) 新设计永磁容错电机

图 4.21　20 槽 22 极永磁容错电机 2.5 倍过载情况下径向温度分布

　　由定、转子齿槽结构相关的分析可知,永磁电机引入转子磁障后必然会引起其机械强度的降低,甚至破坏整个转子结构的稳定性。因此,该转子磁障的低谐波设计技术需兼顾永磁容错电机空间谐波消除效果与转子结构稳定性。图 4.22 展示了新设计永磁容错电机样机转子实物图与装配示意图,如图可见,孤立转子铁心可通过其外表面的燕尾齿与机壳内表面的燕尾槽相匹配来固定,整个转子结构仍然保持较高完整性。除此以外,由于该永磁容错电机转子机械强度主要依赖于机壳,只要不改变其强度,即可保证整个转子结构的机械强度。

然而,内转子永磁电机转子磁障的低谐波设计技术,其转子结构完整性和机械强度面临着很大的挑战。

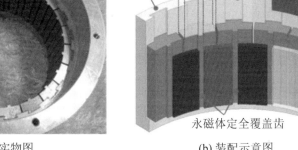

(a) 转子实物图　　　　　　　　　(b) 装配示意图

图 4.22　新设计永磁容错电机转子实物图与装配示意图

4.5　实　验　验　证

图 4.23 展示了两台样机定、转子铁心叠片与其所对应的端部。如图所示,两台电机定子铁心叠片完全相同,但新设计的永磁容错电机转子铁心不再是一个整体,而是被转子磁障孤立开来。此外,两台电机有效部分长度、槽满率与电磁负荷等参数均相同,可保证其电磁性能的比较是公平的。端部采用骨架式法兰盘结构,对密闭性要求不高的永磁电机,采用这种结构不仅能够有效减轻重量,还能够增强其散热效果,同时也方便利用热成像仪测试电机内可视表面的温度。容错设计方面,两台电机相邻相间均设计有容错齿,配合分数槽集中绕组结构,能够极大地提升其容错性能。

为测试两台永磁容错电机的空载和额定负载时的电磁性能,搭建如图 4.24所示的样机测试平台。该平台以直流电机作为样机负载,直流电机与被测样机之间连接转矩传感器,用于测试其动态转矩。电流传感器和旋转变压器分别用以测量电机的相电流和转子位置角。

(a) 原永磁容错电机

(b) 新设计永磁容错电机

图 4.23　20 槽 22 极永磁容错电机定转子铁心叠片及样机端部

图 4.24　样机测试平台

图 4.25 展示了两台样机在 800 r/min 时的空载反电势波形。如图所示,两台永磁容错电机相邻两相间均互差 $2\pi/5$,验证了样机绕组连接方式的正确性。新设计永磁容错电机空载反电势幅值与原永磁容错电机空载反电势幅值接近,表明该转子磁障的低谐波设计技术对永磁容错电机空载反电势的影响很小。

图 4.26 比较了两台永磁容错电机实测和有限元预测的空载反电势波形。相比于第 3 章 12 槽 10 极 Halbach 永磁阵列转子永磁电机,由于该电机永磁体块数较少,其实际尺寸与有限元计算时相差很小,实测结果和有限元预测结果比较吻合。

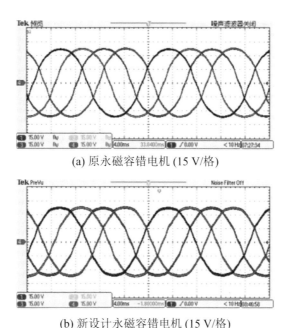

(a) 原永磁容错电机 (15 V/格)

(b) 新设计永磁容错电机 (15 V/格)

图 4. 25 样机实测空载反电势

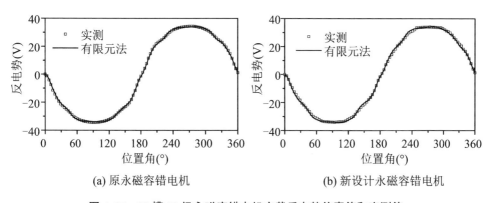

(a) 原永磁容错电机   (b) 新设计永磁容错电机

图 4. 26 20 槽 22 极永磁容错电机空载反电势仿真值和实测值

图 4.27 所示为两台样机在相同带载工况下的相电流和转矩波形。如图所示,两台永磁容错电机相电流均比较正弦,其相电流幅值也比较接近,各相电流

间相位差为 $2\pi/5$。对比其转矩波形可以得出,两台电机的输出转矩的平均值基本相同,但是转矩脉动平稳性在某些时间段存在一定的差距,这不仅与两台永磁容错电机本体结构有关,还与实验测试平台以及所采用的控制策略等因素相关。

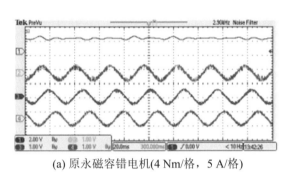

(a) 原永磁容错电机(4 Nm/格,5 A/格)

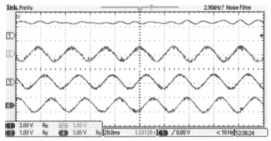

(b) 新设计永磁容错电机(4 Nm/格,5 A/格)

图 4.27　样机实测相电流及转矩

图 4.28(a)比较了两台永磁容错电机在不同负载转矩下实测效率值与有限元预测效率值。同样地,图中有限元预测效率值中包含了预估的机械损耗,其间默认两台永磁容错电机机械损耗占总输入功率的 2%。如图可见,在低转矩区实测效率值与有限元预测效率值存在较大的差距,而随着负载转矩的增加,误差逐渐降低,这是由转矩传感器在低转矩区测量误差大引起的,转矩传感器测量精度在高转矩区逐渐提高使其测量误差变小。图 4.28(b)展示了原永磁容错电机和新设计永磁容错电机在不同负载转矩下的实测效率值。可以看出,在负载转矩较小时两台电机实测效率值很接近,而随着转矩的增加,新设计永磁容错电机实测效率值逐渐显现出高于原永磁容错电机效率值的趋势。这是因为两台永磁容错电机转子损耗受电枢反应磁场的影响程度不同,新设计永磁容错电机电枢反应磁场由于受转子磁障限制作用显著,其转子损耗随着转矩

的增加抑制效果明显提升,进而在高转矩区展现出较高的效率。

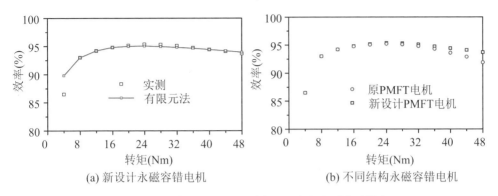

(a) 新设计永磁容错电机　　　　　　　(b) 不同结构永磁容错电机

图 4.28　20 槽 22 极永磁容错电机仿真和实测电磁效率

　　图 4.29 和图 4.30 分别展示了额定负载工况和 2.5 倍过载工况下用热成像仪测试的两台样机可视表面的温度分布。测试前,先使两台电机在各自负载工况下运行,使其各部分温升达到稳态,然后停止运行,立即用热成像仪测试其可视表面温度。由于两台永磁容错电机的损耗主要集中在绕组和定子铁心部分,加之这两部分散热困难,定子绕组区域温度最高,转子永磁体与转子铁心区域的温度相对较低,这与第 4.4.5 节计算的径向温度相吻合,但是实测温度与有限元计算温度之间误差较大,这是因为测试温度时所采用的热成像仪并不能完全贴近电机内热源,且由于转动惯量的存在,这两台永磁容错电机也无法骤停来立即测试其某一时刻的温度。除此以外,2.5 倍过载工况下,由于新设计永磁容错电机转子磁障对转子损耗有较为明显的限制作用,其各部件温度均低

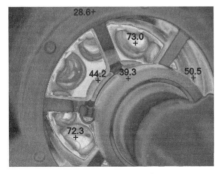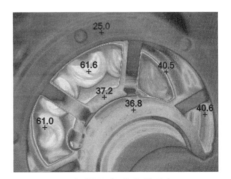

(a) 原永磁容错电机　　　　　　　　　(b) 新设计永磁容错电机

图 4.29　样机额定工况下温度分布

于原永磁容错电机,间接验证了新设计永磁容错电机转子磁障对电枢反应磁场限制作用的有效性。

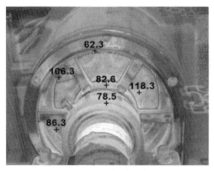

(a) 原永磁容错电机   (b) 新设计永磁容错电机

图 4.30　样机 2.5 倍过载工况下温度分布

本 章 小 结

本章研究了单层绕组表贴式永磁容错电机的转子磁障低谐波设计技术,基于电枢反应磁场谐波磁路特征,建立了其谐波等效磁路模型,推导了转子磁障低谐波永磁容错电机的电枢反应磁密,并揭示了磁障的双重作用,在此基础上,研究了磁障与电枢反应磁密谐波间定量关系。研究表明,磁障几乎不影响电机的永磁磁场,但可有效地抑制低阶次电枢反应磁场谐波。对比分析了两台有、无磁障永磁容错电机的电磁性能、热性能及机械性能,验证了转子磁障结构低谐波设计技术的可行性。此外,研究表明,外转子结构永磁容错电机转子磁障低谐波设计技术不会影响整个电机结构完整性和机械强度。最后,在实验样机上验证了两台永磁容错电机相应的电磁性能,并利用热成像仪测试其内部的温度,间接验证了转子磁障对电枢反应磁场的限制作用。

第5章 永磁容错电机的定子调制低谐波设计

第3章从永磁容错电机绕组结构出发，展开对 Y-Δ 混合连接绕组低谐波设计技术的研究，第4章则从永磁容错电机转子结构入手，进行转子磁障低谐波设计技术相关的研究，虽说这两种类型的低谐波设计技术均能够降低或消除永磁容错电机某些特定阶次的空间谐波，但是对其影响较大的定子磁动势齿谐波，尤其是第一阶绕组齿谐波并未得到有效抑制。定子磁动势齿谐波与电机齿槽结构密切相关，且其中磁导齿谐波分量由定子齿槽结构调制效应引起。[138]

鉴于此，本章将从定子结构入手，结合磁场调制理论，探究游标永磁容错电机定子调制低谐波设计技术相关的研究，为永磁容错电机绕组齿谐波的抑制提供理论支撑。首先，优化设计一台满足特定调制规律的 20 槽 62 极游标永磁容错电机，分析磁场调制效应下该类型永磁容错电机磁场谐波分布特征。其次，结合第2章磁动势谐波相关的研究，基于满足特定调制极与定子齿规律的该类型永磁容错电机，推导其磁动势谐波与调制谐波间内在关系。然后，对比分析该游标永磁容错电机与第4章原永磁容错电机的电磁性能，揭示游标永磁容错电机损耗大的内在机理。最后，加工制造实验样机并进行相应电磁性能的测试。

5.1 电机拓扑结构

对于不同定子拓扑结构的游标永磁容错电机而言，只要其包含的调制极数目一致，那么就可对其永磁磁场以及电枢反应磁场产生同样的调制效果。[139-140]

游标永磁容错电机转子永磁体极对数 p_r、调制极数 N_{RT} 和绕组极对数 p_w 满足下式所述的调制关系：

$$p_r = |N_{RT} - p_w| \tag{5.1}$$

图 5.1 展示了本章所设计的五相 20 槽 62 极游标永磁容错电机，并与第 4 章所设计的原永磁容错电机进行比较。游标永磁容错电机采用单层集中绕组结构，转子永磁体极对数 p_r 为 31，定子绕组按照 9 对极分相，即绕组极对数 p_w 为 9。定子包含 10 个电枢齿和 10 个容错齿，这与原永磁容错电机所呈现的定子齿槽结构相类似，然而不同的是，游标永磁容错电机每个电枢齿和容错齿均被分裂成两个小齿，分裂后的 40 个小齿即为该游标永磁容错电机的调制极。为了获得较佳的电磁性能和容错性能，该游标永磁容错电机同样进行了优化，其优化过程与游标永磁电机工作机理方面的内容本书不再赘述。公平起见，两台永磁容错电机的主要尺寸参数和电磁负荷大致相同，而其槽满率、铁心材料、永磁体牌号、有效部分长度等完全相同。如图 5.1 可见，由于两台永磁容错电机产生转矩的空间谐波阶次不同，游标永磁容错电机电枢齿和容错齿齿宽均小于原永磁容错电机。为使游标永磁容错电机能在低速工况下产生较大的转矩密度，其转子极对数要较大。表 5.1 列出了两台永磁容错电机主要设计参数。

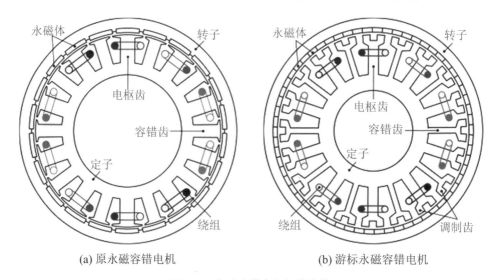

(a) 原永磁容错电机　　　　　　　(b) 游标永磁容错电机

图 5.1　永磁容错电机拓扑结构

表 5.1　永磁容错电机设计参数

参数	原永磁容错电机	游标永磁容错电机
定子外径(mm)	125	120
定子内径(mm)	72	50
电枢齿宽(mm)	9.6	6.6
容错齿宽(mm)	8	3.8
气隙长度(mm)	0.5	0.5
永磁体厚度(mm)	3	3.5
电机有效部分长度(mm)	60	60
槽数	20	20
调制极数	—	40
绕组极对数	11	9
永磁体极对数	11	31
额定转速(r/min)	800	600
电流幅值(A)	14.14	14.14
永磁体材料	NdFe35H	NdFe35H

5.2　空间磁场谐波

永磁体磁动势可表示为

$$F_{PM}(\theta,t)=F_n \sum_{n=1,3,5,\cdots} \cos[np_r(\theta-\omega t)] \tag{5.2}$$

式中，F_n 为 np_r 次永磁体磁动势谐波幅值，θ 为转子位置角，ω 为转子机械角速度。对称正五相单层绕组永磁电机定子磁动势可表示为

$$F(\theta,t)=F_{m\varphi v} \sum_{v=1}^{\infty} \cos\left[v\left(\theta \pm \frac{p_w}{v}\omega t\right)\right] \tag{5.3}$$

式中，p_w 为定子绕组极对数，$F_{m\varphi v}$ 为 v 次绕组磁动势谐波的幅值，可写为

$$F_{m\varphi v}=\frac{5I_m N_{turn}}{v\pi}k_{wnv} \tag{5.4}$$

式中，N_{turn} 表示单个线圈匝数，$k_{wn\upsilon}$ 表示各次谐波绕组因数。根据第 2 章绕组磁动势谐波相关的研究，谐波阶次 υ 可表示为

$$\begin{cases} \upsilon = 10k - 1 & (k = 1, 2, 3, \cdots) \\ \upsilon = 10k + 1 & (k = 0, 1, 2, \cdots) \end{cases} \tag{5.5}$$

其中，υ 对极空间谐波的电角速度为 $\omega p_w / \upsilon$，亦可知不同阶次的定子磁动势谐波具有相同机械角速度 ωp_w。[141-142] 假设由等效电流片产生的 p_r 对极的空间谐波经过 N_{RT} 个调制极，其磁导分布波以及磁动势谐波频谱如图 5.2 所示，其调制极占空比用 τ / T 表示。

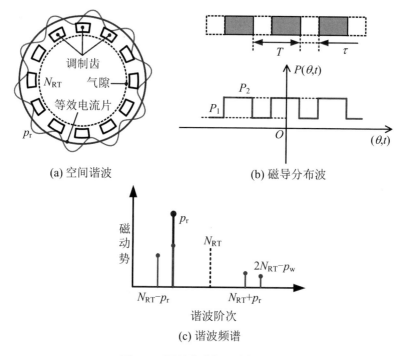

(a) 空间谐波   (b) 磁导分布波

(c) 谐波频谱

图 5.2　调制谐波与磁动势谐波

对图 5.2(b) 所示的磁导波进行傅里叶分解后，可得其磁导函数的表达式为

$$P(\theta, t) = A + B \cdot Sa\left(\frac{\tau}{T} k\pi\right) \sum_{k=1}^{\infty} \cos\left[kN_{RT}(\theta \pm \omega t)\right] \tag{5.6}$$

式中，A，B 为与调制极磁导有关的常数，可写为

$$A = \frac{1}{T}\left[(T - \tau)P_1 + \tau P_2\right], \quad B = \frac{2\tau}{T}(P_2 - P_1) \tag{5.7}$$

联立式(5.6)和式 (5.7),可推导出 p_r 对极永磁体磁动势经过调制后永磁磁密表达式为

$$
\begin{aligned}
B_{\mathrm{PM}}(\theta,t) = {} & AF_n \sum_{n=1,3,5,\cdots} \cos\left[np_r(\theta-\omega t)\right] \\
& + \frac{1}{2}BF_n Sa\left(\frac{\tau}{T}k\pi\right) \sum_{n=1,3,5,\cdots} \sum_{k=1}^{\infty} \cos\left\{(np_r+kN_{\mathrm{RT}})\left[\theta-\frac{np_r}{np_r+kN_{\mathrm{RT}}}\omega t\right]\right\} \\
& + \frac{1}{2}BF_n Sa\left(\frac{\tau}{T}k\pi\right) \sum_{n=1,3,5,\cdots} \sum_{k=1}^{\infty} \cos\left\{(np_r-kN_{\mathrm{RT}})\left[\theta+\frac{np_r}{np_r-kN_{\mathrm{RT}}}\omega t\right]\right\}
\end{aligned}
\tag{5.8}
$$

式(5.8)与第 4 章新设计的永磁容错电机电枢反应磁密表达式相类似,第一项表示为未经过调制的永磁磁场谐波分量,后两项表示由调制效应产生的调制谐波分量,其极对数和电角速度可表示为

$$
\begin{cases}
p_{n,k} = \mid np_r - kN_{\mathrm{RT}} \mid \\
\omega_{n,k} = \dfrac{np_r}{\mid np_r - kN_{\mathrm{RT}} \mid}\omega
\end{cases}
\tag{5.9}
$$

当 $n=k=1$ 时, $p_{1,1}$ 为该游标永磁容错电机的主要调制谐波,其极对数和电角速度分别为

$$
\begin{cases}
p_{1,1} = \mid p_r - N_{\mathrm{RT}} \mid \\
\omega_{1,1} = \dfrac{p_r}{p_{1,1}}\omega
\end{cases}
\tag{5.10}
$$

同理可推导出该游标永磁容错电机电枢反应磁密表达式:

$$
\begin{aligned}
B_{\mathrm{AR}}(\theta,t) = {} & \frac{m}{2}AF_{\mathrm{pw}v} \sum_{v=1}^{\infty} \cos v\left(\theta-\frac{p_w}{v}\omega t\right) \\
& + \frac{m}{4}BF_{\mathrm{pw}v} Sa\left(\frac{\tau}{T}k\pi\right) \sum_{v=1}^{\infty} \sum_{k=1}^{\infty} \cos\left\{(v+kN_{\mathrm{RT}})\left[\theta-\frac{p_w}{v+kN_{\mathrm{RT}}}\omega t\right]\right\} \\
& + \frac{m}{4}BF_{\mathrm{pw}v} Sa\left(\frac{\tau}{T}k\pi\right) \sum_{v=1}^{\infty} \sum_{k=1}^{\infty} \cos\left\{(v-kN_{\mathrm{RT}})\left[\theta+\frac{p_w}{v-kN_{\mathrm{RT}}}\omega t\right]\right\}
\end{aligned}
\tag{5.11}
$$

式中,后两项表示由磁场调制效应产生的电枢反应磁密谐波,其阶次和电角速度为

$$\begin{cases} p_{v,k} = \mid v - kN_{\mathrm{RT}} \mid \\ \omega_{v,k} = \dfrac{p_{\mathrm{w}}}{\mid v - kN_{\mathrm{ST}} \mid}\omega \end{cases} \tag{5.12}$$

当 $k=1$ 时,可得其主要次调制谐波的极对数和电角速度为

$$\begin{cases} p_{v,1} = \mid v - N_{\mathrm{RT}} \mid \\ \omega_{v,1} = \dfrac{p_{\mathrm{w}}}{p_{v,1}}\omega \end{cases} \tag{5.13}$$

由式(5.12)和式(5.13)可知,在游标永磁容错电机分相方式确定的前提下,v 次谐波阶次越高,调制谐波 $p_{v,1}$ 的电角速度也越大,但其机械角速度始终等于转子机械角速度。同阶次永磁磁场谐波与电枢反应磁场谐波相互作用产生有效电磁转矩。游标永磁容错电机永磁体极对数 p_{r}、调制极数 N_{RT} 和绕组极对数 p_{w} 三者间满足调制理论关系,由此可知,产生有效电磁转矩的永磁磁场谐波及与其对应的电枢反应磁场谐波主要有 $(p_{\mathrm{r}}, \mid v-N_{\mathrm{ST}} \mid)$ 和 $(\mid p_{\mathrm{r}}-N_{\mathrm{ST}} \mid, p_{\mathrm{w}})$。对于原永磁容错电机而言,无调制极存在且定子绕组极对数与转子永磁体极对数相同,阶次为 $v=p_{\mathrm{w}}=p_{\mathrm{r}}$ 的磁场谐波是其唯一的工作次谐波。若将定子齿看作是调制极,原永磁容错电机调制谐波 $p_{v,1}=\mid p_{\mathrm{r}}-N_{\mathrm{s}} \mid$ 是其第一阶磁导齿谐波。由此看来,对永磁容错电机影响最大的第一阶磁动势齿谐波由其工作次谐波调制产生,若非改变定子齿槽结构调制效应,磁动势齿谐波很难抑制。从这个层面来看,游标永磁容错电机 p_{w} 阶磁动势谐波实际上参与了两次调制作用,第一次调制源为定子齿,调制谐波阶次为 $\mid p_{\mathrm{w}}-kN_{\mathrm{s}} \mid$,第二次调制源为调制极,调制谐波阶次为 $\mid p_{\mathrm{w}}-kN_{\mathrm{RT}} \mid$ 和 $\mid (\mid p_{\mathrm{w}}-kN_{\mathrm{s}} \mid)-kN_{\mathrm{RT}} \mid$。由此可知,第一次调制作用产生的调制谐波也经过了调制极的第二次调制作用,其幅值或多或少会发生改变。鉴于此,可通过改变调制极与定子齿调制来限制原永磁容错电机中磁动势齿谐波,这是利用磁场调制理论进行低谐波设计的一个出发点。

　　表 5.2 展示了该游标永磁容错电机的磁场谐波,表中加粗字体表示其有效工作次谐波。如表可见,永磁磁场中 31 次谐波经过 40 个调制极,产生 9 次、49次、53 次等阶次谐波,而电枢反应磁场调制前后谐波阶次相同,这似乎与磁场调制式永磁电机电枢反应磁场谐波复杂的结论相矛盾。其实不然,调制前后电枢反应磁场谐波阶次不变是由其调制极与定子齿槽结构间特定关系所决定的。

磁场调制效应不会改变特定类型游标永磁容错电机电枢反应磁场谐波,仅呈现幅值上的变化,这是利用磁场调制理论指导低谐波设计的另一个理论出发点。因此,探究游标永磁容错电机定子齿与调制极间特定关系,建立两次调制作用前后空间谐波变化规律,是利用磁场调制效应进行低谐波设计相关研究的基础。

表 5.2　游标永磁容错电机磁场谐波

参数	永磁磁场	电枢反应磁场
调制齿数 N_{RT}	40	
永磁体极对数 p_r	31	—
绕组极对数 p_w	—	9
未调制前谐波	$np_r=\mathbf{31},93,\cdots$	$v=1,\mathbf{9},19,21,29,31,39,41,\cdots$
调制谐波表达式	$p_{n,k}=\lvert np_r\pm kN_{ST}\rvert$	$p_{v,k}=\lvert v\pm kN_{ST}\rvert$
主要工作次谐波	$p_{1,1}$, p_r	p_w, $p_{v,1}$
经调制后谐波	$\mathbf{9},49,53,67,71,\cdots$	$1,\mathbf{9},19,21,29,\mathbf{31},39,41$

5.3　定子齿和调制极配合关系

单套对称正 m 相永磁电机的合成磁动势谐波阶次可系统地表示为

$$v=\begin{cases}mi\pm1, & N_{coil}\text{ 为奇数}\\ 2mi\pm1, & N_{coil}\text{ 为偶数}\end{cases} \tag{5.14}$$

式中,取"+"号时,$i=0,1,2,\cdots$,反之 $i=1,2,3,\cdots$。需要说明的是,当同一相绕组线圈组内存在相移或是采用多套绕组结构时,某些满足特定规律的磁动势谐波会被消除,但式(5.14)所呈现的谐波阶次包含了所有这些次的谐波,因此该部分研究具有普适性。假设游标永磁容错电机调制极数为定子齿数的 j 倍,即 $N_{RT}=jN_s$,将式(5.14)代入经过调制后电枢反应磁场谐波阶次表达式 $p_{v,k}$,化简整理后可得

$$p_{v,k} = \begin{cases} m\left[i \pm jk\,\dfrac{N_s}{m}\right] \pm 1, & N_{\text{coil}} \text{ 为奇数} \\[3mm] 2\left[i \pm jk\,\dfrac{N_s}{2m}\right] \pm 1, & N_{\text{coil}} \text{ 为偶数} \end{cases} \tag{5.15}$$

结合第2.2节绕组结构特征相关的研究,上式可写为

$$p_{v,k} = \begin{cases} mT_1 \pm 1, & N_{\text{coil}} \text{ 为奇数} \\[2mm] 2mT_1 \pm 1, & N_{\text{coil}} \text{ 为偶数} \end{cases} \tag{5.16}$$

式中,T_1可表示为

$$T_1 = i \pm jkN_{\text{coil}} \tag{5.17}$$

可见,当jN_{coil}为正整数时,T_1亦为正整数集合且满足$T_1 \subset i$,由集合间包含关系可得

$$p_{v,k} \subset v \tag{5.18}$$

这说明当游标永磁容错电机调制极数与定子齿数间倍数与其每相所包含的线圈数乘积jN_{coil}为正整数时,磁场调制效应不会在电枢反应磁场谐波中引入除绕组磁动势谐波外的空间谐波,利用这一点可以将磁场调制效应与低谐波设计相结合,利用磁场调制理论与空间谐波分布关系指导该类型永磁容错电机的低谐波设计。本章所示的20槽62极游标永磁容错电机调制极数为定子齿数的两倍,已验证本部分的结论。为更具可靠性,本部分另优化设计一台12槽转子永磁型游标永磁电机(VPM电机Ⅰ)和一台12槽定子永磁型游标永磁电机(VPM电机Ⅱ)来做进一步的验证,并与传统的12槽10极表贴式永磁(SPM)电机相比较,其结构如图5.3所示。为提升定子永磁型游标永磁电机的转矩密度,该电机采用半Halbach永磁阵列结构。[143]表5.3列出了三台永磁电机主要设计参数,本书对其优化设计过程与电磁性能对比分析不做研究。

从表5.3可以看出,三台永磁电机具有相同体积、运行工况、槽满率及绕组极对数,表中jN_{coil}为判别T_1是否属于正整数集合的关键参数。需要说明的是,VPM电机Ⅱ由于存在双重调制作用,故存在两个jN_{coil}值,其定子齿与定子调制极间调制关系jN_{coil}为正整数,而定子齿与转子凸极调制齿间关系jN_{coil}为分数。由此可推断,VPM电机Ⅱ电枢反应磁场谐波必然与SPM电机不同。图5.4分别展示了三台永磁电机电枢反应磁场谐波频谱,如图可见,由于存在唯一的jN_{coil}且为正整数,故VPM电机Ⅰ电枢反应磁场谐波阶次与

SPM 电机完全相同,各次谐波仅存在幅值上的差异,然而对于 VPM 电机Ⅱ,由于存在凸极调制齿且不满足 jN_{coil} 为正整数的判别条件,因此其电枢反应磁场中调制出很多新阶次的谐波,验证了本部分理论分析的结果。

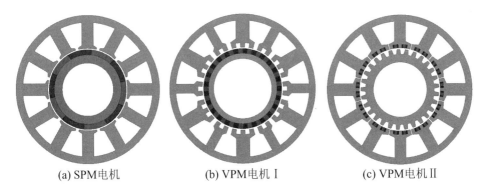

(a) SPM电机   (b) VPM电机Ⅰ   (c) VPM电机Ⅱ

图 5.3 12 槽不同定子拓扑结构永磁电机

表 5.3 12 槽不同定子拓扑结构永磁电机设计参数

参数	SPM 电机	VPM 电机Ⅰ	VPM 电机Ⅱ
相数 m		3	
绕组层数标志 k_L		1/2(单层绕组)	
定子外径 D_{so}(mm)		90	
定子内径 D_{si}(mm)		50	
有效部分长度 l_{ef}(mm)		60	
额定转速 n_{rate}(r/min)		300	
额定电流 I_{rate}(A)		20	
永磁体材料		NdFe35H	
铁心材料		B20AT1500	
槽满率		0.58	
定子槽(齿)数 N_s		12	
调制齿数 N_{RT}	12	30	24
jN_{coil}	**2**	**5**	**4 和 17/6**
永磁体极对数 p_r	5	25	12
转子调制极数 N_m	——	——	17
绕组极对数 p_ω	5	5	5

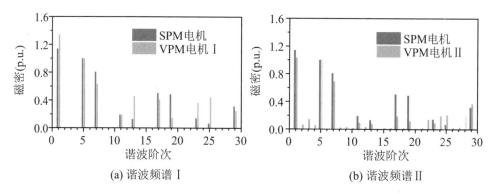

(a) 谐波频谱 I　　　　　　　　　(b) 谐波频谱 II

图 5.4　不同定子拓扑结构永磁电机电枢反应磁密谐波频谱

5.4　仿　真　研　究

本节将对所设计的 20 槽 60 极游标永磁容错电机以及第 4 章所设计的 20 槽 22 极原永磁容错电机电磁性能进行对比分析,阐明磁场调制效应下调制谐波与绕组磁动势谐波间关系,揭示游标永磁容错电机损耗大的内在原因。

5.4.1　空载气隙磁密及反电势

图 5.5(a)和(b)分别展示了这两台永磁容错电机的空载气隙磁密谐波频谱和空载反电势波形。如图所示,原永磁容错电机空载气隙磁密中主要存在阶次为 11 次、33 次、55 次等基波的奇数倍次谐波,其中幅值最大的 11 次谐波是其唯一的工作次谐波。游标永磁容错电机气隙磁密幅值最大的 31 次谐波是其主要的工作次谐波,经过调制极的调制作用,产生较大的 9 次、49 次、71 次等阶次谐波。原永磁容错电机的一个电周期内,其空载反电势波形周期是游标永磁容错电机的 11/31 倍。换言之,游标永磁容错电机永磁磁场交变频率为原永磁容错电机的 31/11 倍。

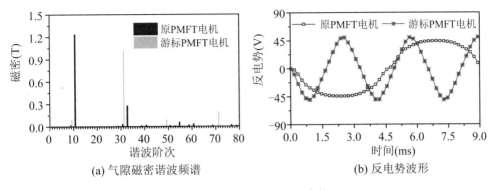

(a) 气隙磁密谐波频谱　　　　　　(b) 反电势波形

图 5.5　空载气隙磁密和反电势

5.4.2 电枢反应磁密谐波

图 5.6 对比了两台永磁容错电机的电枢反应磁密及其谐波频谱,图 5.6(b) 中各次谐波电枢反应磁密均以其工作次谐波幅值为基准值进行标幺化。如图 所示,由于绕组磁动势比较相近,两台永磁容错电机的电枢反应磁密波形相差 不大,从其谐波频谱可以看出,两者的电枢反应磁密谐波阶次完全相同,说明该 定子调制的低谐波设计技术在引入满足特定规律的调制极后,不会引入除绕组 磁动势谐波外其余阶次的谐波。相较而言,除 29 次和 31 次谐波外,游标永磁 容错电机的电枢反应磁密谐波幅值均小于原永磁容错电机,说明该定子调制的 低谐波设计技术能够有效抑制永磁容错电机的空间电枢反应磁密谐波,但由于 31 次谐波为其游标永磁容错电机主要工作次谐波,该次谐波的增加有助于产 生较大转矩密度。需要注意的是,游标永磁容错电机第 31 次主要工作次谐波 较原永磁容错电机第 11 次唯一工作次谐波幅值小,但两台电机仍能输出相当 的电磁转矩,主要是因为其 31 次谐波电枢反应磁场频率大,约为 11 次谐波的 31/11 倍。虽然第 9 次谐波也为该游标永磁容错电机的有效工作次谐波,但其 产生的转矩很小,因此,该次谐波幅值的降低几乎不影响游标永磁容错电机的 转矩密度。

表 5.4 列出了两台永磁容错电机永磁磁场谐波与电枢反应磁场谐波的电 角速度,表中加粗字体代表的谐波为其工作次谐波,ω_1 和 ω_2 分别表示原永磁 容错电机和游标永磁容错电机转子同步电角速度,可由 ωp_r(ω 为转子机械角 速度)来计算,其间满足 $\omega_2 = 31/11\omega_1$ 的关系。如表可见,不论是原永磁容错电

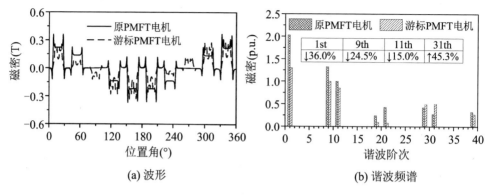

(a) 波形　　　　　　　　　　　　(b) 谐波频谱

图 5.6　电枢反应磁密

机还是游标永磁容错电机,电枢反应磁密谐波阶次显著多于永磁磁密谐波阶次。相较而言,游标永磁容错电机对应阶次谐波的电角速度较原永磁容错电机大,高频磁场有助于提升游标永磁容错电机的转矩密度,这也很好地体现了利用游标效应提升其转矩密度的工作机理。图 5.7 和图 5.8 展示了两台永磁容错电机各主要次谐波磁密的空间相位角。如图可见,原永磁容错电机的永磁磁场和电枢反应磁场空间谐波相位角变化具有相同的电周期,因此其谐波极对数越大,磁场交变频率亦越大,11 对极工作次谐波永磁磁场和电枢反应磁密相空间相位角变化斜率相同,说明该阶次空间谐波产生正的电磁转矩,反之则产生负的电磁转矩。游标永磁容错电机磁场空间谐波相位角呈现类似的变化规律,但由于存在调制效应,9 次和 31 次谐波均为其有效工作次谐波。

表 5.4　两台永磁容错电机磁场谐波电角速度

	谐波阶次	1	9	11	19	21	29	31	39
	旋转方向	+	−	+	−	+	−	+	−
原永磁容错电机	永磁磁场			ω_1					
	电枢反应磁场	$\frac{1}{11}\omega_1$	$\frac{9}{11}\omega_1$	ω_1	$\frac{19}{11}\omega_1$	$\frac{21}{11}\omega_1$	$\frac{29}{11}\omega_1$	$\frac{31}{11}\omega_1$	$\frac{39}{11}\omega_1$
游标永磁容错电机	永磁磁场		ω_2					ω_2	
	电枢反应磁场	$\frac{1}{31}\omega_2$	$\boldsymbol{\frac{9}{31}\omega_2}$	$\frac{11}{31}\omega_2$	$\frac{19}{31}\omega_2$	$\frac{21}{31}\omega_2$	$\frac{29}{31}\omega_2$	ω_2	$\frac{39}{31}\omega_2$

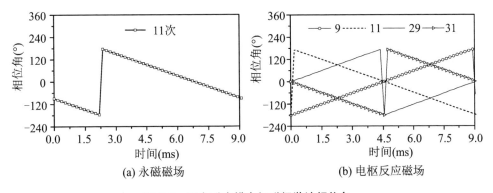

图 5.7　原永磁容错电机磁场谐波相位角

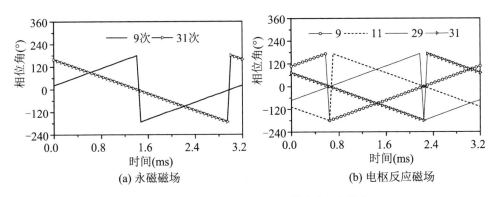

图 5.8　游标永磁容错电机磁场谐波空间相位角

5.4.3　电磁转矩

永磁容错电机电磁转矩由同阶次永磁磁场谐波和电枢反应磁场谐波相互作用产生,且与各次谐波的频率成正比[144],可表示为

$$T_e(\theta,t) = \sum_{v=1}^{\infty} f\left[b_{\mathrm{PM}\_v}(\theta,t), b_{\mathrm{AR}\_v}(\theta,t), f_v\right] \tag{5.19}$$

式中,$b_{\mathrm{PM}\_v}(\theta,t)$ 和 $b_{\mathrm{AR}\_v}(\theta,t)$ 分别表示 v 次永磁磁密和电枢反应磁密谐波,f_v 为其对应次谐波的频率。图 5.9(a)展示了两台永磁容错电机在相同工况下的电磁转矩及其脉动,如图可见,两台永磁容错电机电磁转矩基本相同,游标永磁容错电机转矩脉动略微小于原永磁容错电机。除此以外,利用等效点电流有限元仿真模型分别计算两台电机有效工作次谐波产生的电磁转矩,其谐波转矩频谱如图 5.9(b)所示。可以看出,原永磁容错电机的电磁转矩全部由 11 对极谐

波磁场产生,而游标永磁容错电机产生有效转矩的磁场谐波阶次有 9 次和 31 次。显然,31 次谐波磁场是其电磁转矩的主要贡献者,9 次工作次谐波产生的转矩较小。对比图 5.9(a)和(b)中所计算的电磁转矩,两种有限元计算结果呈现一定的误差,这是因为利用等效点电流有限元模型计算时未能考虑永磁容错电机定子齿部、轭部和槽楔等位置局部饱和对电磁转矩的影响。

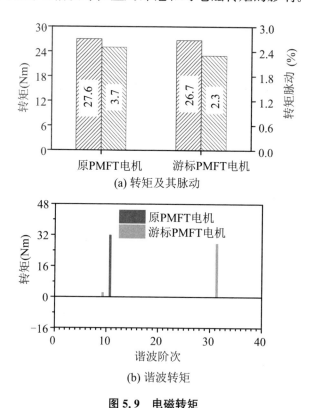

(a) 转矩及其脉动

(b) 谐波转矩

图 5.9　电磁转矩

5.4.4　电磁损耗

图 5.10 比较了两台永磁容错电机在空载和额定负载工况下的永磁体涡流损耗和定子铁心损耗。如图所示,由于原永磁容错电机磁场谐波频率较低,故其电磁损耗整体低于游标永磁容错电机。相较而言,空载和额定负载工况下,游标永磁容错电机的涡流损耗远大于原永磁容错电机,这说明游标永磁容错电机的磁场调制效应对永磁体涡流损耗的影响很大。额定负载工况下,游标永磁容错电机定子铁心损耗远大于原永磁容错电机,表明游标永磁容错电机由电枢

反应磁场谐波引起的铁心损耗很大,由于后者受电枢反应磁场的影响较小,其定子铁心损耗也相对较小。由 5.4.2 节电枢反应磁密对比分析可知,两台永磁容错电机电枢反应磁密谐波幅值基本相同,然而由其产生的铁心损耗相差较大,这主要由游标永磁容错电机各电枢反应磁场谐波频率大所致,这也与游标永磁容错电机利用高频磁场产生高转矩密度的作用机制相矛盾,因此若要提升游标永磁容错电机的转矩密度,其电磁损耗大的弊端不可避免。此外,由于受电枢反应磁场的影响较小,原永磁容错电机永磁体涡流损耗在整个电磁损耗中占比很小,其定子铁心损耗主要由空载永磁磁场引起,加之其受电枢反应磁场的影响很小,故该电机在空载和额定负载工况下定子铁心损耗接近。

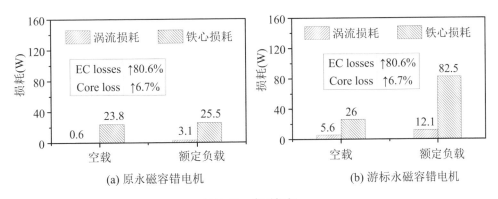

(a) 原永磁容错电机   (b) 游标永磁容错电机

图 5.10 电磁损耗

原永磁容错电机和游标永磁容错电机永磁磁场的主要次谐波分别为 11 次和 31 次,即前者空载磁场的交变频率是后者的 31/11 倍,且由本节 5.4.1 关于空载气隙磁密的分析可知,这两次谐波幅值接近,但在空载工况下产生的定子铁心损耗却基本相同。为探明这一问题,研究了两台永磁容错电机定子齿部磁密的分布情况。图 5.11 展示了两台永磁容错电机定子齿中部气隙局部示意图与其磁密谐波频谱,如图可见,尽管这两台永磁容错电机空载磁场的主要谐波阶次不同,但由于调制极的调制作用,穿过两台永磁容错电机定子齿中部气隙磁密谐波的幅值和阶次几乎相同,两台电机产生铁心损耗的主要次谐波为 9 次和 11 次,这两次谐波幅值大致相同,故空载工况下,两台永磁容错电机产生的定子铁心损耗基本相同。

综上所述,游标永磁容错电机空载铁心损耗与原永磁容错电机基本相同,尽管其电枢反应磁场谐波幅值接近,但由于游标永磁容错电机电枢反应磁场谐波频率较大,产生的定子铁心损耗和永磁体涡流损耗也大于后者。

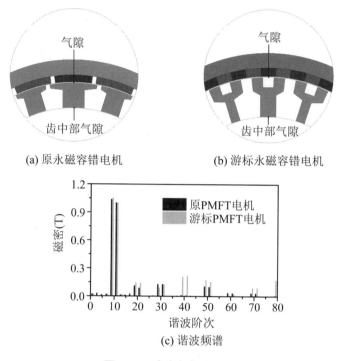

(a) 原永磁容错电机　　　　　(b) 游标永磁容错电机

(c) 谐波频谱

图 5.11　齿中部气隙磁密

采用第 4 章研究的转子磁障低谐波设计技术,在该游标永磁容错电机转子轭部适当位置引入磁障,以验证低阶次电枢反应磁场谐波对其电磁损耗的影响。利用等效点电流有限元仿真研究模型,分别展示了在有、无磁障情况下,两台永磁容错电机的永磁磁场和电枢反应磁场磁力线分布,如图 5.12 所示,公平起见,磁力线分布量标等级相同。如图可见,转子磁障结构同样能够有效抑制游标永磁容错电机低阶次电枢反应磁场,而对其高阶次谐波影响很小。此外,由于游标永磁容错电机永磁体极对数较多,其极间漏磁现象显著高于原永磁容错电机,不利于其转矩密度的提升,这也从侧面反映了该类型游标永磁容错电机永磁体利用率较低的缺点。[145]

表 5.5 比较了两台永磁容错电机转子磁障数目、电磁转矩以及定、转子铁心损耗等数据。如表可见,转子磁障能够有效抑制由低阶次电枢反应磁场谐波引起的转子铁心损耗,尤其是转子铁心损耗较大的游标永磁容错电机,但对定子铁心损耗抑制效果极为有限。由于游标永磁容错电机永磁体极对数较多,磁

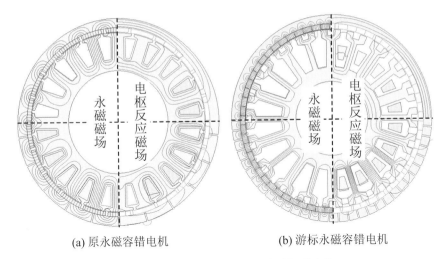

(a) 原永磁容错电机　　　　　　　　(b) 游标永磁容错电机

图 5.12　永磁磁场和电枢反应磁场磁力线

障数量大使其转矩跌落严重,也极大地影响了转子的机械强度与结构完整性,因此,为兼顾转子磁障对电枢反应磁场的限制作用和对其机械结构的影响,可适当减少转子磁障的数目。[146]

表 5.5　两台永磁容错电机磁障参数及性能比较

	原永磁容错	游标永磁容错
磁障个数	22	62
磁障宽度(mm)	1	0.8
引入磁障前后转矩(Nm)	27.0/26.6	26.5/24.7
转矩跌落百分比(%)	1.5	6.8
空载/额定负载转子铁心损耗(W)	2.8/0.3	23.5/0.5
空载/额定负载定子铁心损耗(W)	27.5/25	58.5/46.1
结构完整性	良好	差

5.5　实 验 验 证

研制该 20 槽 62 极游标永磁容错电机的实验样机并进行相关电磁性能的

测试分析,需要说明的是,与其进行对比分析的原永磁容错电机实物图与实验结果已在第 4 章中展示,该部分仅呈现部分相关的实验数据与对比分析结论。图 5.13 所示为该游标电机各部件实物图,如图可见,由于采用单层分数槽集中绕组结构,容错齿在物理层面将相邻两套绕组隔离,极大增强了该电机相绕组间独立性。同样地,分数槽集中绕组电机绕组端部伸出长度短,整体结构紧凑,有助于优化电机端部预留空间与无效铜耗,进而可提升其效率与功率密度。为测试该永磁容错电机空载和带载工况下的电磁性能以及开展部分容错运行实验,搭建如图 5.14 所示的样机测试平台,测试平台以磁粉制动器作为样机的负载,样机和磁粉制动器之间连接转矩传感器,用以测试其动态转矩。电流传感器和光电编码盘用来测量其电流及转子位置角。控制系统的逆变器采用的是数字信号处理器和智能功率模块。

图 5.13　20 槽 62 极游标永磁容错电机样机实物图

图 5.15 展示了该游标永磁容错电机在 600 r/min 时的实测空载反电势波形,并与原永磁容错电机进行比较。如图所示,由于两台永磁容错电机均采用对称正五相绕组结构,其相邻相空载反电势波形在相位上均互差 $2\pi/5$,验证了样机绕组连接方式的正确性。折算到相同转速时,原永磁容错电机的空载反电势峰值较游标永磁容错电机大,表明原永磁容错电机的磁负荷稍大于游标永磁容错电机,且由于后者永磁体用量较大,进一步显现了该类型游标永磁容错永磁体利用率低的缺点。此外,折算到相同转速后,两台永磁容错电机的实测空载反电势波形一个电周期分别为 3.19 ms 和 8.99 ms,周期比接近 31/11,说明游标永磁电机空载永磁磁场谐波交变频率是原永磁容错电机的 31/11 倍,与5.4.1 节分析结果相吻合。

图 5. 14　样机测试平台

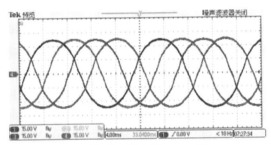

(a) 原永磁容错电机 (15 V/格)

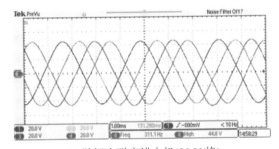

(b) 游标永磁容错电机(20 V/格)

图 5. 15　实测反电势

　　图 5.16 和图 5.17 比较了两台永磁容错电机的实测空载反电势和有限元预测空载反电势及其谐波频谱。如图可见,原永磁容错电机有限元预测值与实测结果吻合较好,而游标永磁容错电机实测空载反电势幅值显著低于有限元预测值。与第 3 章 Halbach 永磁阵列结构相类似,该游标永磁容错电机永磁体块数也较多,磁体加工过程中的负公差和表面处理使得误差累积严重,会不可避

免地引起实际永磁体尺寸与有限元计算时的偏差。由此可知,永磁体极对数较小的原永磁容错电机的空载反电势有限元预测值更接近实测值。

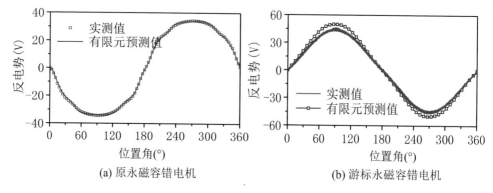

(a) 原永磁容错电机　　　　　　　　　(b) 游标永磁容错电机

图 5.16　永磁容错电机空载反电势波形

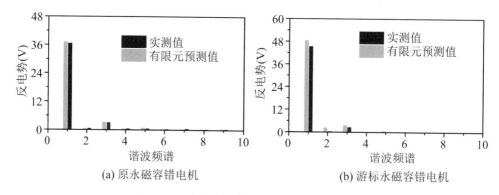

(a) 原永磁容错电机　　　　　　　　　(b) 游标永磁容错电机

图 5.17　永磁容错电机空载反电势谐波频谱

图 5.18 展示了两台永磁容错电机在正常运行状态下相电流和转矩波形,其中原永磁容错电机实验波形中通道 1 为电流波形,通道 2~4 为转矩波形,而游标永磁容错电机中通道 1~3 为电流波形,通道 4 为转矩波形。如图所示,正常运行工况下两台永磁容错电机的电磁转矩大小相当,而原永磁容错电机的转矩脉动稍大于游标永磁容错电机的转矩脉动。此外,两台永磁容错电机相电流波形正弦度均比较高,但原永磁容错电机相电流波形中存在较大的"毛刺"。这是因为原永磁容错电机相绕组电感值小于游标永磁容错电机,加之控制策略和算法的改进也使得后者相电流波形更为正弦。[125]

图 5.19 展示了两台永磁容错电机在一相短路故障状态下容错运行时的相电流和转矩波形,如图所示,当故障发生时采用适当的容错控制策略,调整正常相电流的幅值和相位可以保证输出转矩的均值基本不降低,但相比正常运行状

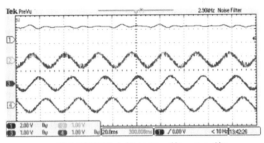

(a) 原永磁容错电机(4 Nm/格，5 A/格)

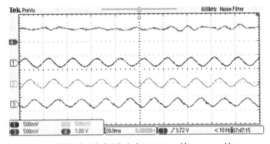

(b) 游标永磁容错电机(4 Nm/格，5 A/格)

图 5.18　永磁电机正常运行时相电流及转矩

态,容错运行时转矩脉动有所增加,容错运行实验结果表明,这两台永磁容错电机均具有较强的容错能力。

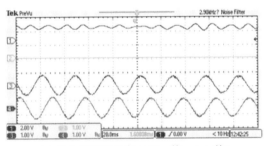

(a) 原永磁容错电机(4 Nm/格，5 A/格)

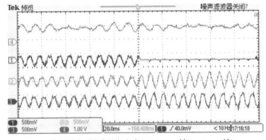

(b) 游标永磁容错电机(4 Nm/格，5 A/格)

图 5.19　永磁电机容错运行时相电流及转矩

本 章 小 结

本章研究了永磁容错电机定子调制的低谐波设计技术,分析了磁场调制效应下永磁容错电机磁场空间谐波分布特征。研究表明,磁场调制效应可实现抑制永磁容错电机齿谐波的目的,但由于其电枢反应磁场谐波频率较大,即使降低了谐波幅值,其电磁损耗依然较大。此外,基于满足特定调制极与定子齿调制规律的游标永磁容错电机,推导了磁动势谐波与调制谐波间内在关系,表明当调制极数为定子齿数的 j 倍且 jN_{coil} 为正整数时,磁场调制效应对电枢反应磁场的影响仅表现为幅值的调节作用,不会引入新阶次的电枢反应磁场谐波,这为利用磁场调制理论抑制永磁容错电机磁动势齿谐波提供了理论基础。然后,对两台永磁容错电机的空载磁密、反电势、转矩、电枢反应磁密、电磁损耗等性能进行仿真研究。最后,在实验样机上测试了相关的电磁性能,验证了理论分析结果。

第6章 永磁电机最大效率点与特定效率区定量研究

第3~5章分别从Y-Δ混合连接绕组、转子磁障和定子调制三个不同方面开展了永磁容错电机低谐波设计相关的研究。空间谐波的减弱伴随着电磁损耗的下降,但电机各部分电磁损耗产生机理与其受空间磁场谐波影响程度不同,使损耗在整个工况区间内的分布截然不同。通常而言,永磁电机在某一特定工况点的效率值与其总损耗间关系明确,但在整个工况区间内,对永磁电机最大效率点与其特定高效率区随损耗分布间变化关系缺乏系统性的研究。

本章将开展永磁电机最大效率点与其特定高效率区定量分析相关的研究。首先,剖析永磁电机损耗随电流和转速变化关系,建立不同工况下永磁电机损耗定量表达式,并在此基础上重构效率函数,探究快速高移植性永磁电机效率云图计算方法。其次,在此效率函数的基础上,探究永磁电机最大效率点与其特定高效率区随损耗分布变化的映射关系。再次,建立直驱式低速大转矩用48槽22极双三相永磁电机仿真研究模型,并与第3章所设计的高速小转矩12槽10极Y-Δ混合连接绕组永磁容错电机进行对比分析。最后,研制该低速大转矩用永磁电机实验样机,搭建实验平台并进行相关电磁性能的测试,并通过实验验证理论分析与有限元研究结果的正确性。

6.1 损 耗 建 模

为便于表示不同工况下永磁电机损耗,定义电流和转速比为

$$\begin{cases} k_i = \dfrac{i}{i_{\text{ref}}} \\[2mm] k_n = \dfrac{n}{n_{\text{ref}}} \end{cases} \tag{6.1}$$

式中，i 和 n 分别表示不同工况下的电流和转速，i_{ref} 和 n_{ref} 分别表示参考点的电流和转速。本章关于效率云图快速计算和效率函数定量分析相关研究不受参考点选取的影响，因此参考点选取是任意的。

绕组铜耗由直流损耗以及由趋肤效应和临近效应引起的附加损耗组成，除去直流损耗，其余部分绕组铜耗统称为涡流损耗，这部分损耗与永磁电机的电频率密切相关。文献[148-149]研究表明，当永磁电机电频率不超过 2.5 kHz 时，绕组铜耗中的涡流损耗部分可以忽略。本书所涉及的永磁电机包括第 3 章 12 槽 10 极三相双层绕组永磁容错电机、第 4 章 20 槽 22 极五相单层永磁容错电机、第 5 章 20 槽 62 极游标永磁容错电机、本章 48 槽 22 极双三相永磁电机。它们在最高转速时的电频率均不超过 2.5 kHz，且均采用多股并绕的形式，导线径小。因此，绕组铜耗随转速和电流变化的关系可定量表示为

$$w_{\text{copper}} = k_n^0 k_i^2 w_{\text{c\_ref}} \tag{6.2}$$

式中，w_{copper} 表示工况点 (k_n, k_i) 的绕组铜耗，$w_{\text{c\_ref}}$ 表示参考点的绕组铜耗。

永磁电机转子涡流损耗，包括永磁体和转子护套涡流损耗[150]，可表示为

$$w_{\text{EC}} = \sum_{v=1}^{\infty} \int_{\text{PM, sleeve}} \left(\frac{J_v^2}{2\sigma} \right) \mathrm{d}V \tag{6.3}$$

式中，v 表示电枢反应磁场空间谐波阶次，σ 为永磁体或者护套的电导率。其中，J_v 为涡流密度 v 次谐波幅值，可由感应涡流函数 $J_v(r, \theta, t)$ 获得。

$$J_v(r, \theta, t) = \sum_{v=1}^{\infty} J_v \cos(v\theta \pm p_r \omega t + \alpha_v) \tag{6.4}$$

式中，θ 为转子位置角，p_r 为永磁体极对数，ω 为转子机械角速度，α_v 是 v 次谐波相位角。正号适用于 $v = mk - 1 (k = 1, 2, 3, \cdots)$ 正向旋转的空间谐波，负号适用于 $v = mk + 1 (k = 0, 1, 2, \cdots)$ 反向旋转的空间谐波，m 为相数。当以下假设成立时：

（1）忽略永磁体或者护套涡流损耗对原磁场的影响，即不考虑涡流反作用；

（2）忽略绕组端部的影响，即假定涡流密度仅存在 z 轴方向分量；

（3）m 相绕组是对称的,且所载电流为理想的 m 相正弦电流,即不考虑电流谐波;

（4）假设定子铁心磁导率无限大,即不考虑饱和对电机的影响。

J_v 可由下式计算:

$$J_v = p_r \omega \cdot \frac{\mu_0}{\sigma} \cdot \frac{m N_{coil} N_{turn} I_m k_{wnv}}{\pi v} F_v(r) \qquad (6.5)$$

式中,μ_0 为真空磁导率,N_{coil} 和 N_{turn} 分别为第 2.2 节所提到的,每相绕组所包含的线圈数以及单个线圈的匝数,I_m 为定子电枢电流幅值,$F_v(r)$ 为与气隙半径和谐波阶次相关的函数。[151]当电枢反应磁场谐波频率很高时,由于受涡流反作用的影响,通过式(6.5)计算的涡流密度误差较大,这时则需要利用贝塞尔函数,通过求解扩散方程来获得高频电枢反应磁场谐波作用下涡流密度计算式。[152]本书所涉及的永磁电机主要阶次电枢反应磁场谐波频率不高,因此忽略了涡流反作用对涡流损耗的影响。

通过式(6.3)和式(6.5)可知,永磁电机转子涡流损耗与其电枢电流的平方成正比。与此同时,感应涡流密度与电枢反应磁场谐波频率成正比,故可得涡流损耗亦与转速的平方成正比。[153]因此,不同工况下转子涡流损耗的计算式可定量表示为

$$w_{EC} = k_n^2 k_i^0 w_{EC0} + k_n^2 k_i^2 w_{EC1\_ref} \qquad (6.6)$$

式中,w_{EC} 表示工况点(k_n,k_i)的负载涡流损耗,w_{EC0} 表示参考点的空载涡流损耗,w_{EC1_ref} 表示参考点由电枢反应磁场引起的涡流损耗,可写为

$$w_{EC1\_ref} = w_{EC\_ref} - w_{EC0} \qquad (6.7)$$

式中,w_{EC_ref} 为参考点的负载涡流损耗。

利用第3章所呈现的 Y-Δ 混合连接绕组低谐波永磁容错电机来验证涡流损耗与其对应转速和电流间的关系。该电机拓扑结构、绕组连接方式及主要设计参数已在第3章中详细呈现,本部分不再赘述。需要说明的是,由于采用 Halbach 永磁阵列转子结构,分块数较多使得永磁体涡流损耗很小,因此,本部分仅考虑了转子护套涡流损耗。图6.1展示了涡流损耗随转速和电流变化关系,图中 $y = cx^2$ 和 $y = c'x^2$ 为两个系数不同的标准抛物线函数。如图可见,在给定的电流情况下,转子涡流损耗与电机转速的平方成正比。除去空载涡流损耗分量,由电枢反应磁场谐波引起的涡流损耗分量与电机电流的平方成正比,

验证了式涡流损耗定量表达式的正确性。

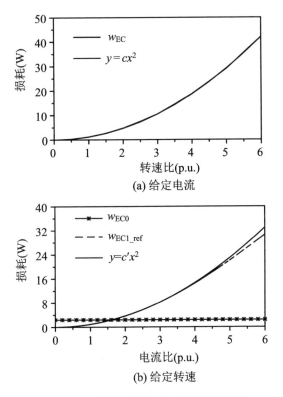

(a) 给定电流

(b) 给定转速

图 6.1　涡流损耗随转速和电流变化关系

由于受各部分损耗产生机制、不均匀磁场和旋转磁化分量等因素的影响，永磁电机铁心损耗难以准确计算。Bertitto 铁心损耗分离模型为比较经典的铁心损耗表达形式，相关研究表明[154-156]，电机铁心损耗主要包括磁滞损耗分量、涡流损耗分量以及杂散损耗分量三部分，具体可表示为

$$w_{iron} = \int_{stator} \left[k_h B_{peak}^{\beta} f + k_c \left(\frac{dB(t)}{dt} \right)^2 + k_e \left| \frac{dB(t)}{dt} \right| 1.5 \right] dV \quad (6.8)$$

式中，k_h 和 k_c 和 k_e 分别表示磁滞损耗系数、涡流损耗系数和杂散损耗系数。假设磁滞回线中没有小磁滞环路，则磁滞损耗分量仅取决于峰值气隙磁密，因此，磁滞损耗分量很难以空间谐波分量的形式表示。[157-158] B_{peak} 表示磁滞回线中峰值气隙磁密，β 为斯坦梅茨系数，通常取 1.6。$B(t)$ 表示气隙磁密函数，可写为

$$B(t) = B_v \sum_{v=1}^{\infty} \cos(2\pi v f t + \varphi_v) \quad (6.9)$$

式中，B_v 表示 v 次谐波气隙磁密幅值，f 表示频率，φ_v 表示 v 次谐波气隙磁密相位角。忽略定子铁心叠片趋肤效应时，k_c 和 k_e 可由下式计算：

$$k_c = \frac{\sigma\pi^2}{12}, \quad k_e = \sqrt{\sigma G V_0 S} \tag{6.10}$$

式中，σ 为定子铁心叠片的电导率，G 为无量纲耦合常数，V_0 为静态耦合场参数，S 为定子铁心叠片的横截面积。

图 6.2 展示了该电机在给定电流和转速情况下有限元预测的铁心损耗值，并与相应硅钢片材料实测铁损曲线所推算的铁心损耗值相比较。如图所示，有限元预测的铁心损耗值与铁损曲线推算的铁心损耗值间存在比较大的差异。造成两种方法铁心损耗值误差大的原因如下：在测试铁损曲线时，默认硅钢片材料中各部分磁密相同，而实际利用有限元方法计算铁心损耗时，定子齿、轭、齿间等各部分磁场分布不均匀。除此以外，永磁电机磁场以及磁路结构的复杂性，在测试铁损曲线时也未考虑。但是，两种计算方法所呈现的铁心损耗随转速和电流的变化趋势相同，即铁心损耗随转速的变化较大，而随电流的变化相对较小。

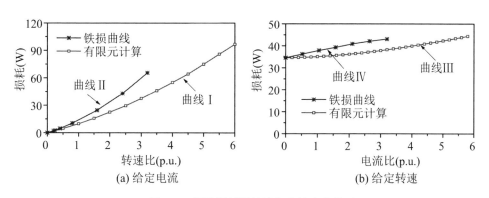

图 6.2　涡流损耗随转速和电流变化关系

为探究铁心损耗与转速和电流间定量关系，将图 6.2 中所展示的四条铁心损耗变化曲线（分别用 Ⅰ，Ⅱ，Ⅲ，Ⅳ 表示）进行拟合，拟合后表达式为

$$\begin{cases} w_{\text{iron}}(k_n) = 8.7 k_n^{1.34} & \text{曲线 Ⅰ} \\ w_{\text{iron}}(k_n) = 13.3 k_n^{1.36} & \text{曲线 Ⅱ} \\ w_{\text{iron}}(k_i) = 34.4 + 0.5 k_i + 0.2 k_i^2 & \text{曲线 Ⅲ} \\ w_{\text{iron}}(k_i) = 34.5 + 3.5 k_i \times 0.2 k_i^2 & \text{曲线 Ⅳ} \end{cases} \tag{6.11}$$

式中，w_{iron} 为工况点 (k_n, k_i) 的铁心损耗。可见，该永磁容错电机铁心损耗随转速变化的趋势满足幂函数关系，且其指数为非整数。铁心损耗随电流变化的趋势满足多项式函数关系，且该多项式函数主要由常数项决定，由此可知，该永磁容错电机铁心损耗随电流的变化较小。表 6.1 列出了曲线拟合过程中相应的拟合标准表达式及拟合误差。整体来看，有限元预测铁心损耗的拟合度大于利用铁损曲线所推算的铁心损耗的拟合度，此外，铁心损耗随电流变化关系拟合曲线更接近标准表达式，而铁心损耗随转速变化关系曲线的拟合度相对较小。

表 6.1　拟合标准表达式和拟合误差

	曲线 Ⅰ	曲线 Ⅱ	曲线 Ⅲ	曲线 Ⅳ
	\multicolumn{2}{}{$y = ax^b$}		$y = a + bx + cx^2$	
a	0.219	0.470	0.037	0.093
b	0.016	0.034	0.030	0.137
c	—	—	0.005	0.041

综上所述，永磁电机铁心损耗随转速和电流变化关系可定量表示为

$$w_{\text{iron}} = k_n^a k_i^0 w_{i\_\text{ref}} \tag{6.12}$$

式中，w_{i_ref} 表示参考点铁心损耗，α 表示在 1.1～1.6 范围内的非整数指数。当永磁电机磁路饱和程度不高时，铁心损耗随电流的变化很小，此时任一工况点的铁心损耗可利用式(6.12)所呈现的关系定量表示。需要注意的是，式(6.12)仅表示铁心损耗与不同工况点之间的近似表达式，实际上铁心损耗很难通过电机转速和电流定量表示。除此以外，由于铁心损耗组成分量类型不同，α 值并不是常数而是随转速产生微小的变化。

6.2　效　率　函　数

基于上述损耗建模的研究，永磁电机效率函数可表示为

$$\eta(k_n, k_i) = \frac{P_{\text{ref}}}{P_{\text{ref}} + w_{\text{c\_ref}}\dfrac{k_i}{k_n} + w_{i\_\text{ref}}\dfrac{k_n^{\alpha-1}}{k_i} + w_{\text{EC1\_ref}}k_n k_i + w_{\text{EC0}}\dfrac{k_n}{k_i}} \tag{6.13}$$

式中, P_{ref} 表示参考点输出功率。由此可见,效率函数不仅可以快速计算永磁电机效率云图,而且可用于定量研究永磁电机的最大效率点与其特定高效率区。需要注意的是,式(6.13)所呈现的效率函数仅适合于没有磁阻转矩的永磁电机,且没有考虑磁路饱和对永磁电机的影响,本部分的研究为后续考虑磁阻转矩永磁电机效率函数建模及电磁效率的定量分析提供了理论基础。

对于一台给定的永磁电机,其参考点输出功率及各部分损耗是确定的,非整数指数可通过对多个工况点铁心损耗值进行曲线拟合得到。为使拟合的非整数指数更接近有限元计算值,预测点的铁心损耗值选取应尽可能遍及整个工况区间,相邻预测点间距尽可能大,数据点也尽可能多。图 6.3 展示了利用所提出效率函数计算的两台不同损耗分布永磁电机的效率云图,并将其最大效率点相关数据列于表 6.2。本实例中,两台电机参考点功率和效率分别为 900 W 和 90%,说明它们参考点的总损耗相同,但各部分损耗的占比不同。除此以外,计算时空载涡流损耗与负载涡流损耗的占比 k 选值为 0.25,非整数指数 α 取值为 1.3。从图 6.3 可以看出,由于各部分损耗分布不同,两台永磁电机最大效率点与其高于93%的效率区存在显著的差异,结合表6.2列出的最高效率点变化趋势可知,随着 $w_{\text{c\_ref}}/w_{\text{EC\_ref}}$ 的变小以及 $w_{i\_\text{ref}}/w_{\text{EC\_ref}}$ 的增大,最大效率点从高速小转矩区向低速大转矩区移动,其最大效率呈现先下降后增加的趋势。由此可知,永磁电机最大效率点与其损耗分布密切相关,其间定量关系的研究将在下一节中展开。

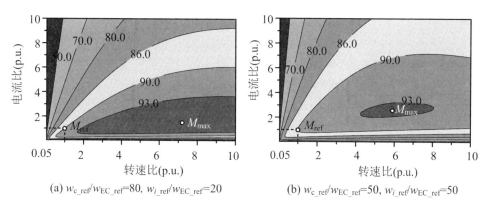

(a) $w_{\text{c\_ref}}/w_{\text{EC\_ref}}$=80, $w_{i\_\text{ref}}/w_{\text{EC\_ref}}$=20　　　(b) $w_{\text{c\_ref}}/w_{\text{EC\_ref}}$=50, $w_{i\_\text{ref}}/w_{\text{EC\_ref}}$=50

图 6.3　永磁电机效率云图

表 6.2　最大效率点数据

$\dfrac{w_{c\_ref}}{w_{EC\_ref}}$ （p.u.）	$\dfrac{w_{c\_ref}}{w_{EC\_ref}}$） （p.u.）	参考点			最大效率点		
		转速比 （p.u.）	电流比 （p.u.）	效率（%）	转速比 （p.u.）	电流比 （p.u.）	效率（%）
80	20	1	1	90	7.2	1.5	94.8
50	50	1	1	90	5.9	2.6	93.1
20	80	1	1	90	3.8	3.9	93.6

6.3　最大效率点

从式(6.13)可以看出,永磁电机效率函数是以 k_n 和 k_i 为变量的二元函数,根据二元函数极值判别式,其驻点满足下述方程组:

$$\begin{cases} \dfrac{\partial \eta(k_n,k_i)}{\partial k_n} = 0 \\[2mm] \dfrac{\partial \eta(k_n,k_i)}{\partial k_i} = 0 \end{cases} \tag{6.14}$$

通过求解式所示的二元函数驻点方程,可得

$$k_i = \sqrt{\frac{(2-\alpha)w_{i\_ref}k_n^{\alpha-2}}{2w_{EC1\_ref}}} \tag{6.15}$$

此外,对式(6.13)所示的效率函数重新整理可得

$$\eta(k_n,k_i) = \frac{P_{ref}}{P_{ref} + w(k_n,k_i)} \tag{6.16}$$

式中,$w(k_n,k_i)$ 可表示为

$$w(k_n,k_i) = \left(\frac{w_{c\_ref}}{k_n} + w_{EC1\_ref}k_n\right)k_i + \frac{(w_{i\_ref}k_n^{\alpha-1} + w_{EC0\_ref}k_n)}{k_i} \tag{6.17}$$

可见,$w(k_n,k_i)$ 是以 k_i 为变量的双勾函数。根据其性质,$w(k_n,k_i)$ 取最小值时,k_i 可表示为

$$k_i = \sqrt{\dfrac{w_{i\_ref}k_n^{\alpha-1} + w_{EC0\_ref}k_n}{\dfrac{w_{c\_ref}}{k_n} + w_{EC1\_ref}k_n}} \qquad (6.18)$$

在整个工况范围内,若存在工况点(k_n, k_i)使式(6.18)和式(6.15)相同,则该工况点的效率必然最大。联立两式可推导出永磁电机最大效率点所对应的转速比k_n为

$$2w_{EC0\_ref}w_{EC1\_ref}k_n + \alpha w_{i\_ref}w_{EC1\_ref}k_n^{\alpha-1} + (\alpha-2)w_{c\_ref}w_{i\_ref}k_n^{\alpha-3} = 0 \qquad (6.19)$$

因此,永磁电机的最大效率点(M_{max})可表示为

$$M_{max} = (k_{n\_max}, k_{i\_max}, \eta(k_{n\_max}, k_{i\_max})) \qquad (6.20)$$

式中,k_{n_max}和k_{i_max}分别为最大效率点所对应的转速和电流,$\eta(k_{n\_max}, k_{i\_max})$为最大效率。但是,由于$\alpha$是小数,很难直接从式(6.20)中求解$k_{n\_max}$的具体表达式。因此这部分将采用函数图像法来分析永磁电机最大效率点与其损耗分布间的关系。图 6.4 展示了参考点损耗分布与最大效率点间的关系曲线,且涡流损耗分布参数k与最大效率值间关系如图 6.4(d)所示,在此计算过程中,参考点铜耗与涡流损耗比值以及铁心损耗与涡流损耗比值均为 50。对比分析,可得出以下结论:

(1) 随着参考点铜耗与涡流损耗比值的增加,永磁电机最大效率点向转速增大的方向移动;随着铁心损耗与涡流损耗比值的增加,其最大效率点所对应的转速先缓慢变小,然后逐渐保持稳定。

(2) 随着铁心损耗与涡流损耗比值的增加,电机最大效率点从低电流区移至高电流区;随着铜耗与涡流损耗比值的增加,其最大效率点电流先增加后保持稳定。

(3) 在铜耗与涡流损耗比值和铁心损耗与涡流损耗比值较大的工况区间,永磁电机最大效率较高。

(4) 当铜耗与涡流损耗比值、铁心损耗与涡流损耗比值以及总涡流损耗相同时,空载涡流损耗占比越大,永磁电机最大效率值也越大。

结论(1)和(2)产生的主要原因是,在忽略交流铜耗的前提下绕组铜耗几乎不受永磁电机转速的影响,同样铁心损耗受电枢反应磁场的影响较小。由于受参考点总损耗的限制,可得结论(3)和(4)。该部分研究不仅能够定量计算电机

在整个工况区间内的最大效率值,而且能够为永磁容错电机效率的优化设计提供理论指导。

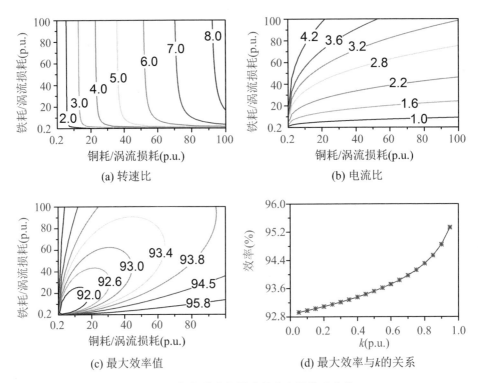

(a) 转速比　　　　　　　　　　(b) 电流比

(c) 最大效率值　　　　　　　(d) 最大效率与k的关系

图 6.4　损耗分布与最大效率点间关系曲线

6.4　特定高效率区

在永磁电机效率云图中,效率为 η_1 的等效率曲线方程可表示为

$$\eta_1 = \frac{P_{\text{ref}}}{P_{\text{ref}} + w_{\text{c\_ref}}\dfrac{k_i}{k_n} + w_{i\_\text{ref}}\dfrac{k_n^{\alpha-1}}{k_i} + w_{\text{EC1\_ref}}k_i k_n + w_{\text{EC0\_ref}}\dfrac{k_n}{k_i}} \quad (6.21)$$

式中,η_1 为任一给定的高效率值。将 k_i 用 k_n 表示,也就是将 k_i 看成是 k_n 的一元函数,求解式所表示的方程可得 k_i 的两个根分别为 $f_1(k_n)$ 和 $f_2(k_n)$,可表示为

$$k_i = f_{1,2}(k_n) = \frac{\pm\sqrt{A^2 - 4BC} - A}{2B} \tag{6.22}$$

式中，$A = (\eta_1 - 1)P_{ref}$ 为与参考点效率和功率相关的常数，B 和 C 为与任一工况点转速 k_n 有关的变量，可分别表示为

$$B = \frac{\eta_1 w_{c\_ref}}{k_n} + \eta_1 w_{EC1\_ref}k_n \tag{6.23}$$

$$C = \eta_1 w_{i\_ref}k_n^{\alpha-1} + \eta_1 w_{EC0\_ref}k_n$$

图 6.5 展示了效率为 η_1 的等效率曲线示意图，图中标注出了该曲线的几个边界点与其相应的坐标。如图所示，曲线 $\eta(k_n, k_i) = \eta_1$ 被分为两部分，其中实线部分为式所示的 $f_1(k_n)$，虚线部分为 $f_2(k_n)$。边界点 E 和 H 为两个曲线的分界点，与此同时，边界点 E 和 H 也分别为曲线 $f_1(k_n)$ 和 $f_2(k_n)$ 的不可导点，而 G 和 F 则分别为两个函数曲线的极值点，即其导函数的过零点。

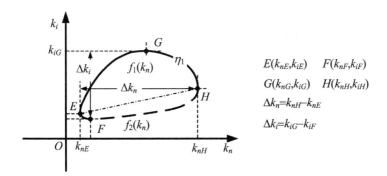

图 6.5　等效率曲线示意图

函数 $f_1(k_n)$ 和 $f_2(k_n)$ 的导函数为

$$(f_{1,2}(k_n))' = \frac{4\eta_1^2 BT_1 + 2\eta_1(A^2 - 4BC \mp A\sqrt{A^2 - 4BC})T_2}{\mp(2B)^2\sqrt{A^2 - 4BC}} \tag{6.24}$$

式中，T_1 和 T_2 可表示为

$$T_1 = \alpha w_{i\_ref}w_{EC1\_ref}k_n^{\alpha-1} + 2w_{EC0\_ref}w_{EC1\_ref}k_n + (\alpha - 2)w_{c\_ref}w_{i\_ref}k_n^{\alpha-3}$$

$$T_2 = w_{EC1\_ref} - \frac{w_{c\_ref}}{k_n^2}$$

$$\tag{6.25}$$

从式(6.25)可以看出，当满足下述等式时，函数 $f_1(k_n)$ 和 $f_2(k_n)$ 导函数不存在：

$$A^2 = 4BC \tag{6.26}$$

式(6.26)的实数解即为边界点 E 和 H 的横坐标。同样地,由于 F 和 G 是函数 $f_1(k_n)$ 和 $f_2(k_n)$ 导函数的过零点,故这两个边界点所对应的横坐标也可以由如下等式解出:

$$2BT_1 + (A^2 - 4BC \mp A\sqrt{A^2 - 4BC})T_2 = 0 \tag{6.27}$$

将各边界点所对应的横坐标代入式可求得其各点所对应的纵坐标。曲线 $\eta(k_n, k_i) = \eta_1$ 所包围区域的面积即为效率大于 η_1 的高效率区面积,可表示为

$$S = \int_{k_{nE}}^{k_{nH}} f_1(k_n)\mathrm{d}k_n - \int_{k_{nE}}^{k_{nH}} f_2(k_n)\,\mathrm{d}k_n \tag{6.28}$$

将等效率曲线上各点的坐标值代入式,可定量计算出永磁电机特定高效率区的面积,为了标幺化特定高效率区范围大小,引入参数 ΔS 来表示特定高效率区占整个效率区的百分比,可写为

$$\Delta S = \frac{S}{k_n k_i} \times 100\% \tag{6.29}$$

类似地,由于 α 为小数,无法直接求解各点的坐标以及特定高效率区范围的具体表达式,采用图像法分析损耗分布与其特定高效率区之间的关系。图 6.5 中所标注的坐标差 Δk_n 和 Δk_i 旨在间接表征特定高效率区的形状。此外,边界点横纵坐标 k_{nH} 和 k_{iG} 则用来间接表征特定高效率区在整个工况区间内的位置。图 6.6 展示了 Δk_n,Δk_i,k_{nH},k_{iG},ΔS 等特定高效率区参数随损耗分布的变化曲线。对比分析可得以下结论:

(1) 从图 6.6(a)和图 6.6(b)可以看出,Δk_n 和 Δk_i 随铜耗与涡流损耗比值和铁心损耗与涡流损耗比值的变化趋势基本相同,主要区别是当铜耗与涡流损耗比值较大时,Δk_n 也相对较大。相反地,当铁心损耗和涡流损耗比值较大时,Δk_i 值则相对较大。这表明,特定高效率区所对应的转速范围主要受铜耗影响,而其所对应的电流范围主要受铁心损耗影响。

(2) 对比图 6.6(c)和图 6.6(d)可得,随铜耗与涡流损耗比值的增大,永磁电机特定高效率区由低转速区向高转速区移动。但是,随着铁心损耗与涡流损耗比值的增大,其特定高效率区则从小电流区移至大电流区。

(3) 当铜耗与涡流损耗比值和铁心损耗与涡流损耗比值均较小时,永磁电机将不存在给定高效率区。永磁电机特定高效率区范围较大的工况区间主要

集中在铜耗与涡流损耗比值较大或者铁心损耗与涡流损耗比值较大的位置,这与永磁电机最大效率点随损耗分布的变化趋势相同。

（4）如图 6.6(f)所示,在铜耗与涡流损耗比值、铁心损耗与涡流损耗比值以及总涡流损耗相同时,随着 k 的增加,永磁电机高效率区范围随之增大,然而在 $k<0.8$ 的范围内,特定高效率区范围增加幅度很小,随后迅速增加。

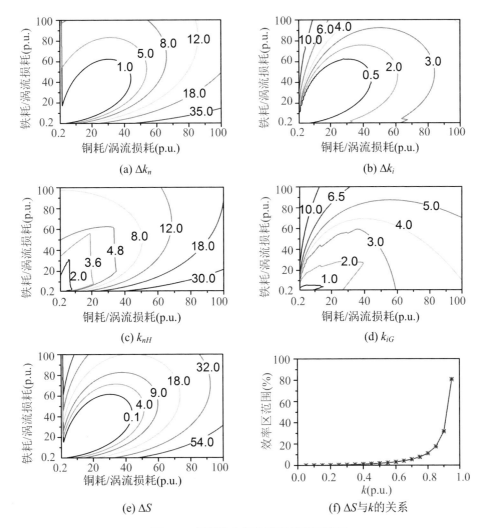

图 6.6　损耗分布与特定高效率区关系

综上所述,铜耗在永磁电机最大效率点与其特定高效率区在转速方向的移动上起主导作用,铜耗的变化几乎不会影响其在电流方向的移动。相反地,铁心损耗是影响永磁电机最大效率点与其特定高效率区在电流方向移动的关键因素,涡流损耗的变化对不同转速下效率的影响很小。因此,可通过调整永磁电机铜铁耗比例,使其最大效率点和特定高效率区最大限度地匹配其额定运行工况。此外,若要获得较大范围的高效率区以及较大的效率,永磁电机涡流损耗的抑制以及适当调整空载涡流损耗的占比极其重要。

6.5　仿真研究

为验证上述理论分析结果,除第 3 章所呈现的 12 槽 10 极 Y-Δ 混合连接绕组永磁容错电机外,另优化设计一台 48 槽 22 极非集中绕组结构双三相低速直驱永磁电机,该电机低速大转矩的应用要求,正好与高速小转矩应用要求的 12 槽 10 极 Y-Δ 混合连接绕组永磁容错电机形成鲜明对比,此外两台电机饱和程度的不同也更全面地验证了该章节理论分析的结果。图 6.7 展示了该 48 槽 22 极双三相永磁电机拓扑结构与其绕组连接示意图。与 Y-Δ 混合连接绕组结构相类似,双三绕组结构也能够提升永磁电机的基波绕组因数以及消除某些特定阶次的定子磁动势谐波。虽说这两种绕组结构均是通过绕组相移形成的,但

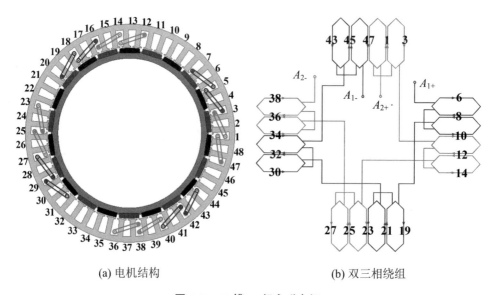

(a) 电机结构　　　　　(b) 双三相绕组

图 6.7　48 槽 22 极永磁电机

却存在本质的区别,Y-Δ 混合连接绕组结构反映了同一相绕组线圈组内的相移方式,而双三相绕组结构则是不同相绕组间相移方式的体现。两台电机额定输出功率相同,但由于其应用场合、运行工况以及驱动方式的不同,主要设计参数与体积大小均不相同。表 6.3 列出了两台永磁电机主要设计参数。

表 6.3　两台电机主要设计参数及尺寸

名称(单位)	12 槽 10 极	48 槽 22 极
绕组结构	Y-Δ 混合绕组	双三相绕组
定子外径 D_{so}(mm)	90	350
定子内径 D_{si}(mm)	50	276
铁心有效部分长度 l(mm)	120	150
气隙长度 l_{gap}(mm)	0.5	0.5
护套厚度 l_{sleeve}(mm)	0.5	1
额定功率 P(kW)	5	5
额定转速 n(r/min)	3000	200
参考点转速 n_{ref}(r/min)	1000	100
额定线电压 u_{AB}(V)	190	290
额定相电流 i_A(A)	30	10
参考点电流 i_{ref}(A)	20	3.63
永磁体拓扑	Halbach	SPM
永磁体厚度 h_{pm}(mm)	8	8
永磁体极弧系数	1	0.87
轴外径 D_{sh}(mm)	32	240
永磁体材料	SmCo32	SmCo32
永磁体剩磁 B_r(T)	1.09	1.09
护套材料	Stainless steel	Carbon fibre
护套的电导率(S/m)	1390000	100
定子铁心叠片	B20AT1500	B20AT1500

磁路饱和不仅会影响永磁电机铁心损耗的计算,而且会影响其输出转矩,

这两个方面的因素都会造成有限元预测效率与理论计算效率值间的误差。图 6.8 比较了这两台永磁电机在不同负载电流下的磁密云图,各部分磁密云图均具有相同的色标等级,且同一永磁电机四个部分截取于相同的位置,其截取位置分别用 E_1 和 E_2 来标定。图中所标注的电流 i_1 和 i_2 分别为 50 A 和 8 A,且给出了不同负载电流下相应的电磁转矩。

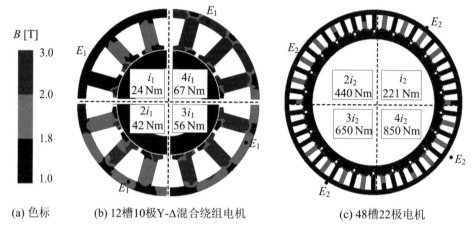

(a) 色标　　　　(b) 12槽10极Y-Δ混合绕组电机　　　　(c) 48槽22极电机

图 6.8　永磁电机磁密云图

　　如图所示,12 槽 10 极 Y-Δ 混合连接绕组永磁容错电机的磁路饱和程度明显高于 48 槽 22 极双三相绕组永磁电机,尤其是定子齿部。这是因为 12 槽 10 极 Y-Δ 混合连接绕组永磁容错电机尺寸小且槽数少,磁场较为集中的分布于定子齿部和轭部位置,故极易饱和,而 48 槽 22 极双三相绕组永磁电机尺寸较大且槽数也多,使其内部磁场在定子齿部的分布较为分散,极大地降低了其饱和程度。此外,不同负载电流下相应的电磁转矩分布说明了 48 槽 22 极永磁电机过载性能优于 12 槽 10 极电机。

　　12 槽 10 极 Y-Δ 混合连接永磁容错电机与 48 槽 22 极双三相永磁电机参考点转速和转矩分别为 1000 r/min、10 Nm 和 100 r/min、100 Nm,表 6.4 列出了各自参考点损耗及相关参数。如表可见,12 槽 10 极永磁容错电机铜耗与涡流损耗比值较大,而铁心损耗与涡流损耗比值较小。相较而言,48 槽 22 极电机铜耗与涡流损耗比值以及铁心损耗与涡流损耗比值相差较小,且其空载涡流损耗的占比大于 12 槽 10 极永磁容错电机。

表 6.4　参考点损耗及相关参数

名称(单位)	12 槽 10 极	48 槽 22 极
铜耗 w_{c_ref}(W)	75.9	36.4
铁心损耗 w_{i_ref}(W)	9.4	21.4
负载涡流损耗 w_{EC_ref}(W)	0.68	0.58
空载涡流损耗 w_{EC0}(W)	0.28	0.53
铜耗与涡流损耗比 w_{c_ref}/w_{EC_ref}	111.6	62.8
铁心损耗与涡流损耗比 w_{i_ref}/w_{EC_ref}	13.8	36.9
空载涡流损耗与负载涡流损耗比 k	0.4	0.9
非整数指数 α	1.28	1.13

图 6.9 展示了两台永磁电机理论计算和有限元预测效率云图,其中 12 槽 10 极电机最大转速和转矩分别为 20 kr/min 和 68 Nm,而 48 槽 22 极电机最大转速和最大转矩分别为 2000 r/min 和 900 Nm。表 6.5 列出了不同方法获得的效率云图关于最大效率点与大于 96% 高效率区具体数值。对比分析图 6.9 和表 6.5,可得以下结论:

(1) 48 槽 22 极双三相绕组永磁电机理论计算与有限元预测效率值比较吻合,而 12 槽 10 极 Y-Δ 混合连接绕组永磁电机两种方法计算的效率值误差较大,尤其是在转矩较大的区域。这是由于两台永磁电机在不同负载转矩条件下,磁路饱和对铁心损耗计算的影响所致。

(2) 对于 12 槽 10 极永磁容错电机,两种方法计算的效率云图在最大效率与其位置方面存在较大的差异。这由两方面因素引起,一是该电机饱和程度较高,使其铁心损耗计算误差大;二是该电机铜耗和铁心损耗间差距较大,使铁心损耗对最大效率点的影响程度增加。

(3) 由于电机尺寸和设计参数不同,其损耗分布存在显著的差异,48 槽 22 极双三相绕组永磁电机的最大效率与其特定高效率区范围均大于 12 槽 10 极 Y-Δ 混合连接绕组永磁容错电机。这说明适当增加体积,能够极大地提高电机的最大效率,并能有效扩宽其高效率区范围,这也是永磁电机实际设计过程中高效率与高功率密度性能指标相矛盾之处。

(4) 12 槽 10 极 Y-Δ 混合连接绕组永磁容错电机的高效率区主要集中在低

转矩工况区间,而 48 槽 22 极双三相绕组永磁电机高效率区则位于高转速工况区间,这由两台电机铜铁损耗比值以及空载涡流损耗占比决定。

效率函数与有限元计算方法所获得的效率云图间误差除受永磁电机自身饱和程度的影响外,还受以下两个因素的影响:

(1) 永磁电机铁心损耗与转速和电流间的关系极为复杂,很难用标准的幂函数和多项式函数定量表示,且非整指数 α 也并非恒为常数。

(2) 随着负载转矩的增加,永磁电机受电枢反应磁场的影响逐渐增大,效率函数计算方法中默认铁心损耗不随负载电流变化而变化的假设也不再适用,从而引起效率云图计算误差变大。

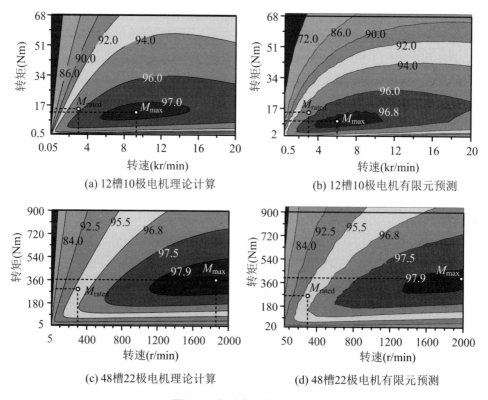

图 6.9　永磁电机效率云图

表 6.5　最大效率点与特定高效率区数据

名称（单位）	12 槽 10 极电机		48 槽 22 极电机	
	理论计算	有限元	理论计算	有限元
最大效率点对应转速（r/min）	9298.3	6000	1876.5	2000
最大效率点对应转矩（Nm）	13.0	10.1	365.2	400.6
最大效率值（%）	97.2	97.1	98.0	97.8
不低于 96% 高效率区右边界对应转速（r/min）	29340	—	7100	—
不低于 96% 高效率区上边界对应转矩（Nm）	33.6	—	1418	—
不低于 96% 高效率区范围面积占比（%）	4.4%	—	47.1%	—

综上所述，在永磁电机设计过程中避免磁路饱和能够极大提升效率函数效率云图计算方法的准确性，此外，合理分配永磁电机各部分损耗对提高其最大效率、扩展特定高效率区范围、调整高效率区位置具有重要意义。

6.6　实 验 验 证

图 6.10 展示了两台电机定子与测试平台。48 槽 22 极双三相绕组永磁电机采用跨距为 2 的分布绕组，绕组端部长，相邻两定子齿上绕组存在交叠现象，因此在相间故障方面性能远弱于 12 槽 10 极 Y-Δ 混合连接绕组永磁容错电机。但是，相较于三相 Y-Δ 混合连接绕组永磁容错电机，双三相绕组永磁电机由于相数的增多，其控制自由度大幅提升，因此，该电机在缺相故障运行方面具有一定的优势。[138]

图 6.11 展示了该 48 槽 22 极双三相绕组永磁电机在 200 r/min 时的空载反电势实测值，并与有限元预测值进行比较。如图所示，该电机实测反电势波形与有限元预测结果吻合较好，但由于采用分布绕组且表贴式结构极弧系数较

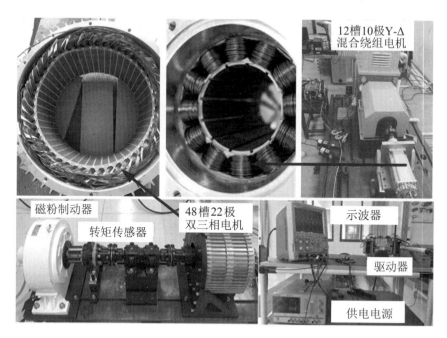

图 6.10　实验样机及测试平台

大,该电机空载反电势波形呈现马鞍形。从其谐波频谱可以看出,各次谐波有限元预测值与实测结果误差较小,且空载反电势中存在较大的 3 次谐波。相较于 12 槽 10 极 Y-Δ 混合连接绕组永磁容错电机,48 槽 22 极双三相永磁电机永磁体块数少,永磁体贴装过程中误差累积也相对较小,因此其空载反电势实测值与有限元预测值之间的误差较 12 槽 10 极永磁容错电机小。经计算,12 槽 10 极 Y-Δ 混合连接绕组永磁容错电机和 48 槽 22 极双三相绕组永磁电机的空载反电势谐波总畸变率分别为 4.4% 和 26.5%,后者谐波总畸变率大是由其较大的 3 次谐波引起的,但是 3 次空载反电势谐波不会影响其转矩性能。此外,文献[139]研究表明,适当增加永磁电机空载反电势中 3 次谐波,有助于提升其转矩密度。

图 6.12 所示为该 48 槽 22 极双三相绕组永磁电机在 10 kHz 载波频率,200 r/min 转速下的相电流及其谐波频谱。如图可见,该电机相电流波形比较正弦,且其波形也较第 3 章 Y-Δ 混合连接绕组永磁容错电机相电流波形"光滑"。这是因为相电感在电机中起电流滤波的作用,相电感越大,其相电流波形正弦度越高。经测试,该双三相绕组永磁电机的相电感约为 13.5 mH,而 Y-Δ 混合连接绕组永磁电机的相电感仅 0.8 mH 左右。除此以外,驱动控制策略、

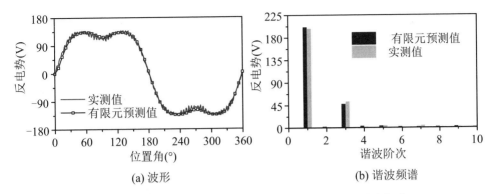

(a) 波形　　　　　　　　　　　(b) 谐波频谱

图 6.11　48 槽 22 极双三相永磁电机空载反电势及其谐波频谱

控制算法以及硬件结构也会对相电流波形产生较大的影响。除基波外,48 槽 22 极双三相绕组永磁电机低阶次电流谐波均比较小,其中 266 次和 532 次谐波为其高频边带电流谐波。整体而言,由于这些低阶次和高阶次边带电流谐波幅值相对较小,故其对该永磁电机损耗和效率的影响也相对较小。

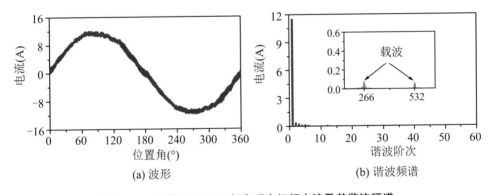

(a) 波形　　　　　　　　　　　(b) 谐波频谱

图 6.12　48 槽 22 极双三相永磁电机相电流及其谐波频谱

　　图 6.13 展示了 48 槽 22 极永磁电机在电流为 10 A 时的实测转矩与负载损耗,并与有限元预测值相比较。如图所示,有限元计算的转矩值稍高于实测转矩值,其转矩脉动较实测转矩脉动小。实际测试过程中非正弦电流激励、控制策略、控制算法及测试平台等因素会对电机转矩脉动产生一定的影响。图 6.13(b)中引入校正系数旨在定性评估该电机在有限元预测时的机械损耗,默认其机械损耗为输入功率的 2.2%。可见,校正后有限元预测负载损耗值与实测负载值误差相对较小,误差产生的主要原因是永磁电机机械损耗随转速变化并非呈现简单的线性关系。

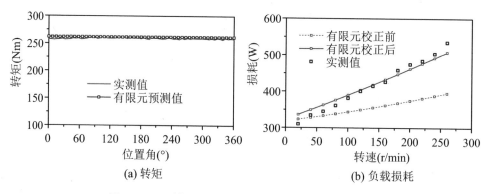

图 6.13　48 槽 22 极双三相永磁电机转矩及负载损耗

　　图 6.14 和图 6.15 比较了两台电机在不同转速和转矩工况下，通过效率函数计算、有限元预测及实测三种方法所获得的效率变化曲线。需要澄清的是，不同转速工况下两台电机各自转矩分别为 17 Nm 和 260 Nm，不同转矩工况下各自转速分别为 3000 r/min 和 200 r/min。此外，由于采用效率函数方法计算和有限元法预测时未考虑机械损耗，图中解析计算值和有限元预测值分别为引入校正因数后得到的数据，其校正因数分别为 0.954 和 0.978。如图所示，不论是 12 槽 10 极 Y-Δ 混合连接绕组永磁容错电机还是 48 槽 22 极双三相绕组永磁电机，三种不同方法所获得的效率随转速变化的曲线吻合较好。但是，其在低转矩区存在明显的差距，而这种差距随着负载转矩的增加而逐渐减少。这是因为转矩传感器在低转矩水平等级下测量精度低所致，同样地，解析法计算和有限元预测时未考虑风摩损耗等因素对永磁电机效率的影响，然而随着负载转矩的增加，这些因素对永磁电机效率的影响程度逐渐减弱。

本 章 小 结

　　本章通过建立不同工况下永磁电机各损耗的定量表达式，重构了其效率函数，并利用该效率函数实现了永磁电机效率云图的快速计算。研究表明，在电机饱和程度不高时，提出的效率函数可代替有限元方法快速高效地计算永磁电机效率云图。此外，利用该效率函数求解了永磁电机最大效率点与其特定高效

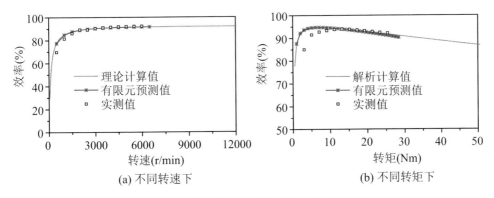

(a) 不同转速下　　　　　　　(b) 不同转矩下

图 6.14　12 槽 10 极 Y-Δ 混合绕组永磁电机效率

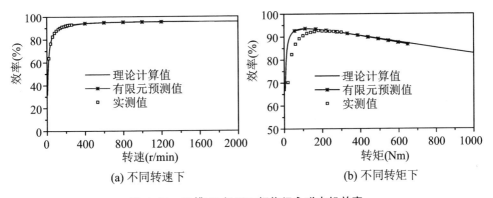

(a) 不同转速下　　　　　　　(b) 不同转矩下

图 6.15　48 槽 22 极双三相绕组永磁电机效率

率区的定量表达式,阐明了其与损耗分布间的映射关系。建立了直驱式低速大转矩用 48 槽 22 极双三相永磁电机有限元计算模型,并与 12 槽 10 极 Y-Δ 连接绕组永磁容错电机进行对比分析。最后,加工制造了该双三相永磁电机实验样机并完成相关电磁性能的测试,验证了本章所提出效率函数计算方法的可行性和正确性。

参 考 文 献

［1］ 马伟明,王东,程思为,等. 高性能电机系统的共性基础科学问题与技术发展前沿[J]. 中国电机工程学报,2016,36(8):2025-2035.

［2］ 王凤翔. 永磁电机在风力发电系统中的应用及其发展趋向[J]. 电工技术学报,2012,27(3):12-24.

［3］ 寇宝泉,赵晓坤,张浩泉,等. 永磁同步电机电磁结构及磁场调节技术的综述分析[J]. 中国电机工程学报,2021,41(20):7126-7141.

［4］ 张卓然,王东,花为. 混合励磁电机结构原理、设计与运行控制技术综述及展望[J]. 中国电机工程学报,2020,40(24):7834-7850.

［5］ Yang Z, Shang F, Brown I P, et al. Comparative study of interior permanent magnet, induction, and switched reluctance motor drives for EV and HEV spplications[J]. IEEE Trans. Transp. Electrification, 2015, 1(3): 245-254.

［6］ 唐任远. 稀土永磁电机发展综述[J]. 电气技术,2005(04):1-6.

［7］ Atkinson G J, Mecrow B C, Jack A G, et al. The analysis of losses in high-power fault-tolerant machines for aerospace applications[J]. IEEE Trans. Ind. Appl., 2006, 42:1162-1170.

［8］ 赵文祥,程明,花为,等. 双凸极永磁电机故障分析与容错控制策略[J]. 电工技术学报,2009(04):71-77.

［9］ Jahns T M. Improved reliability in solid-state ac drives by means of multiple independent phase-drive units[J]. IEEE Trans. Ind. Appl., 1980, 16(4): 321-331.

［10］ Liu T H, Fu J R, Lipo T A. A strategy for improving reliability of field-oriented controlled induction motor drives[J]. IEEE Trans. Ind. Appl., 1993, 29(5): 910-918.

［11］ EL-Refaie A M. Fractional-slot concentrated-windings synchronous permanent magnet machines: opportunities and challenges[J]. IEEE Trans. Ind. Electron., 2010, 57(1): 107-121.

［12］ 陶涛,赵文祥,程明,等. 多相电机容错控制及其关键技术综述[J]. 中国电机工程学报,2019,39(02):316-326.

［13］ 魏永清,康军,曾海燕,等. 十二相永磁电机驱动系统的容错控制策略[J]. 电工技术学报,2019,34(21):4467-4473.

［14］ Dwari S, Parsa L. Fault-tolerant control of five-phase permanent-magnet motors with trapezoidal back EMF[J]. IEEE Trans. Ind. Electron. , 2011, 58(2): 476-485.

[15] 段世英. 分数槽集中绕组永磁同步电机的若干问题研究[D].武汉:华中科技大学,2014.

[16] 陈萍,唐任远,佟文明,等. 高功率密度永磁同步电机永磁体涡流损耗分布规律及其影响
[J]. 电工技术学报,2015,30(6):1-9.

[17] Bianchi N, Fornasiero E. Impact of MMF space harmonic on rotor losses in fractional-slot
permanent-magnet machines[J]. IEEE Trans. Energy Convers. , 2009, 24(2):323-328.

[18] Su P, Hua W, Hu M, et al. Analysis of PM eddy current loss in rotor-PM and stator-PM
flux-switching machines by air-gap field modulation theory[J]. IEEE Trans. Ind.
Electron. , 2020, 67(3): 1824-1835.

[19] 沈建新,韩婷,尧磊,等. 提高永磁体电阻率对降低高速永磁交流电机转子涡流损耗的有效
性分析[J]. 电工技术学报,2020,35(09):2074-2078.

[20] 邱洪波. 高速永磁发电机转子涡流损耗优化及对温度分布影响的研究[D].哈尔滨:哈尔
滨理工大学,2014.

[21] Zhao N, Zhu Z Q, Liu W. Rotor eddy current loss calculation and thermal analysis of
permanent magnet motor and generator[J]. IEEE Trans. Magn. , 2011, 47(10):
4199-4202.

[22] Zhu S, Zhao W, Liu G, et al. Effect of phase shift angle on radial force and vibration
behavior in dual three-phase PMSM[J]. IEEE Trans. Ind. Electron. , 2021, 68(4): 2988-
2998.

[23] Sano H, Narita K, Schneider N, et al. Loss analysis of a permanent magnet traction motor
in a finite element analysis based efficiency map[C]//IEEE Int. Conf. on Electrical
Machines, ICEM, 2020: 2301-2306.

[24] Jack A G, Mecrow B C, Haylock J A. A comparative study of permanent magnet and
switched reluctance motors for high-performance fault-tolerant applications[J]. IEEE
Trans. Ind. Appl. , 1996, 32(4): 889-895.

[25] 张蕾,曹鑫,邓智泉,等. 一种单绕组无轴承开关磁阻电机绕组开路故障容错控制策略[J].
电工技术学报,2018,33(15):3564-3571.

[26] Hu Y, Gan C, Cao W, et al. Finney central-tapped node linked modular fault-tolerance
topology for SRM applications[J]. IEEE Trans. Power Electron. , 2016, 31(2):
1541-1554.

[27] Sun Q, Wu J, Gan C, et al. Modular full-bridge converter for three-phase switched
reluctance motors with integrated fault-tolerance capability[J]. IEEE Trans. Power
Electron. , 2019, 34(3): 2622-2634.

[28] Ullah S, McDonald S. P, Martin R, et al. Atkinson. A permanent magnet assist,
segmented rotor, switched reluctance drive for fault tolerant aerospace applications[J].
IEEE Trans. Ind. Appl. , 2019, 51(1): 298-305.

[29] Ding W, Hu Y, Wang T, et al. Comprehensive research of modular E-core stator hybrid-
flux switched reluctance motors with segmented and nonsegmented rotors[J]. IEEE
Trans. Energy Convers. , 2017, 32(1): 382-393.

[30] Hua W, Hua H, Dai N, et al. Comparative study of switched reluctance machines with half-and full-teeth-wound windings[J]. IEEE Trans. Ind. Electron., 2016, 63(3): 1414-1424.

[31] Mecrow B C, Jack A G, Atkinson D J, et al. Design and testing of a four-phase fault-tolerant permanent-magnet machine for an engine fuel pump[J]. IEEE Trans. Energy Convers., 2004, 19(4): 671-678.

[32] Ishak D, Zhu Z Q, Howe D. Influence of slot number and pole number in fault-tolerant brushless dc motors having unequal tooth widths[J]. J. Appl. Phys., 2005, 97 (10): 10Q509.

[33] Taras P, Li G J, Zhu Z Q. Comparative study of fault-tolerant switched-flux permanent-magnet machines[J]. IEEE Trans. Ind. Electron., 2017, 64(3): 1939-1948.

[34] Li Y, Zhu Z Q, Thomas A. Generic slot and pole number combinations for novel modular permanent magnet dual 3-phase machine with redundant teeth[J]. IEEE Trans. Energy Convers., 2020, 35(3): 1676-1687.

[35] Kiselev A, Catuogno G R, Kuznietsov A, et al. Finite-control-set MPC for open-phase fault-tolerant control of PM synchronous motor drives[J]. IEEE Trans. Ind. Electron., 2020, 67(6): 4444-4452.

[36] Bianchi N, Pré M D, Bolognani S. Design of a fault-tolerant IPM motor for electric power steering[J]. IEEE Trans. Veh. Technol., 2006, 55(4): 1102-1111.

[37] Babetto C, Bianchi N. Synchronous reluctance motor with dual three-phase winding for fault-tolerant applications[C]//IEEE Int. Conf. on Electrical Machines and Systems, ICEMS, Greece, 2018: 2297-2303.

[38] Arafat A K M, Choi S. Optimal phase advance under fault-tolerant control of a five-phase permanent magnet assisted synchronous reluctance motor[J]. IEEE Trans. Ind. Electron., 2018, 65(4): 2915-2924.

[39] Weiss C P, Singh S, De Doncker R W. Radial force minimization control for fault-tolerant switched reluctance machines with distributed inverters[J]. IEEE Trans. Transp. Electrification, 2021, 7(1): 193-201.

[40] Zheng P, Sui Y, Zhao J, et al. Investigation of a novel five-phase modular permanent-magnet in-wheel motor[J]. IEEE Trans. Magn., 2011, 47(10): 4084-4087.

[41] Wang Y, Deng Z. A multi-tooth fault-tolerant flux-switching permanent-magnet machine with twisted-rotor[J]. IEEE Trans. Magn., 2012, 48(10): 2674-2684.

[42] 吉敬华,孙玉坤,朱纪洪,等. 新型定子永磁式容错电机的工作原理和性能分析[J]. 中国电机工程学报,2008,28(21):96-101.

[43] Chen Q, Liu G, Zhao W, et al. Design and comparison of two fault-tolerant interior-permanent magnet motors[J]. IEEE Trans. Ind. Electron., 2014, 61(12): 6615-6623.

[44] 郝振洋,胡育文,黄文新,等. 转子磁钢离心式六相十极永磁容错电机及控制策略[J]. 中国电机工程学报,2010(30):81-86.

[45] Sui Y, Zheng P, Yin Z, et al. Open-circuit fault-tolerant control of five-phase PM machine

based on reconfiguring maximum round magnetomotive force[J]. IEEE Trans. Ind. Electron. ，2019，66(1)：48-59.

[46] Tao T，Zhao W，Du Y，et al. Simplified fault-tolerant model predictive control for a five-phase permanent-magnet motor with reduced computation burden[J]. IEEE Trans. Power Electron. ，2020，35(4)：3850-3858.

[47] 赵勇，黄文新，林晓刚，等. 基于权重系数消除和有限控制集优化的双三相永磁容错电机快速预测直接转矩控制[J]. 电工技术学报，2021，36(01)：3-14.

[48] 陈前，顾理成，赵文祥，等. 采用 VSIC-MTPA 的五相内嵌式永磁容错电机短路容错控制[J]. 中国电机工程学报，2020，40(21)：7087-7094.

[49] Cheng L，Sui Y，Zheng P，et al. Implementation of postfault decoupling vector control and mitigation of current ripple for five-phase fault-tolerant PM machine under single-phase open-circuit fault[J]. IEEE Trans. Power Electron. ，2018，33(10)：8623-8636.

[50] Chen Q，Yan Y，Liu G，et al. Design of a new fault-tolerant permanent magnet machine with optimized Salient ratio and reluctance torque ratio[J]. IEEE Trans. Ind. Electron. ，2020，67(7)：6043-6054.

[51] Sui Y，Yin Z，Cheng L，et al. Multiphase modular fault-tolerant permanent-magnet machine with hybrid single/double-layer fractional-slot concentrated winding[J]. IEEE Trans. Magn. ，2019，55(9)：7500506.

[52] 黄磊，余海涛，胡敏强，等. 用于电磁弹射的容错型初级永磁直线电机特性[J]. 电工技术学报，2012，27(3)：119-127.

[53] Xue X，Zhao W，Zhu J，et al. Design of five-phase modular flux switching permanent-magnet machines for high reliability applications[J]. IEEE Trans. Magn. ，2013，49(7)：3941-3944.

[54] Wang Y，Deng Z. A multi-tooth fault-tolerant flux-switching permanent-magnet machine with twisted-rotor[J]. IEEE Trans. Magn. ，2012，48(10)：2674-2684.

[55] Xu L，Liu G，Zhao W，et al. Hybrid stator design of fault-tolerant permanent-magnet vernier machines for direct-drive applications[J]. IEEE Trans. Ind. Electron. ，2017，64(1)：179-190.

[56] 陈富扬，花为，黄文涛，等. 基于模型预测转矩控制的五相磁通切换永磁电机开路故障容错策略[J]. 中国电机工程学报，2019，39(02)：337-346.

[57] Zhao W，Du K，Xu L. Design considerations of fault-tolerant permanent magnet vernier machine[J]. IEEE Trans. Ind. Electron. ，2020，67(9)：7290-7300.

[58] Wang Y，Geng L，Hao W，et al. Improved control strategy for fault-tolerant flux-switching permanent-magnet machine under short-circuit condition[J]. IEEE Trans. Power Electron. ，2019，34(5)：4536-4557.

[59] Raziee S M，Misir O，Ponick B. Winding function approach for winding analysis[J]. IEEE Trans. Magn. ，2017，51(10)：8203809.

[60] Rezaee-Alam F，Rezaeealam B，Naeini V. An improved winding function theory for accurate modeling of small and large air-gap electric machines[J]. IEEE Trans. Magn. ，

2021，57(5)：8104513.

[61]　陈益广，潘玉玲，贺鑫. 永磁同步电机分数槽集中绕组磁动势[J]. 电工技术学报，2010，25(10)：30-36.

[62]　高闯，赵文祥，吉敬华，等. 低谐波双三相永磁同步电机及其容错控制[J]. 电工技术学报，2017，32(S1)：124-130.

[63]　Weber C A M，Lee F W. Harmonics due to slot openings[J]. American Institute of Electrical Engineers Transactions，1924，XLIII(1)：687-694.

[64]　Fornasiero E，Bianchi N，Bolognani S. Slot harmonic impact on rotor losses in fractional-slot permanent-magnet machines [J]. IEEE Trans. Ind. Electron.，2012，59(6)：2557-2564.

[65]　Zhao W，Zhu S，Ji J，et al. Analysis and reduction of electromagnetic vibration in fractional-slot concentrated-windings PM machines[J]. IEEE Trans. Ind. Electron.，doi：10.1109/TIE.2021.3071701.

[66]　Wang J，Patel V I，Wang W. Fractional-slot permanent magnet brushless machines with low space harmonic contents[J]. IEEE Trans. Magn.，2014，50(1)：8200209.

[67]　Reddy P B，EL-Refaie A M，Huh K. Effect of number of layers on performance of fractional-slot concentrated-windings interior permanent magnet machines [J]. IEEE Trans. Power Electron.，2015，30(4)：2205-2218.

[68]　Tessarolo A，Ciriani C，Bortolozzi M，et al. Investigation into multi-layer fractional-slot concentrated windings with unconventional slot-pole combinations [J]. IEEE Trans. Energy Convers.，2019，34(4)：1985-1996.

[69]　Islam M S，Kabir M A，Mikail R，et al. A systematic approach for stator MMF harmonic elimination using three-layer fractional slot winding[J]. IEEE Trans. Ind. Appl.，2020，56(4)：3516-3525.

[70]　Abdel-Khalik A S，Ahmed S，Massoud A M. Effect of multilayer windings with different stator winding connections on interior PM machines for EV applications[J]. IEEE Trans. Magn.，2016，52(2)：8100807.

[71]　Dajaku G，Gerling D. Eddy current loss minimization in rotor magnets of PM machines using high-efficiency 12-teeth/10-slots winding topology [C]//IEEE Int. Conf. on Electrical Machines and Systems，ICEMS，2011：1-6.

[72]　Sun H，Wang K，Zhu S，et al. Performance comparisons of fractional slot surfaced-mounted permanent magnet machines with slot-harmonic-only windings[J]. IEEE Trans. Energy Convers.，2021，36(2)：995-1004.

[73]　Patel V I，Wang J，Wang W，et al. Six-phase fractional-slot-per-pole-per-phase permanent-magnet machines with low space harmonics for electric vehicle application[J]. IEEE Trans. Ind. Appl.，2014，50(4)：2554-2563.

[74]　Chen X，Wang J，Patel V I，et al. A nine-phase 18-slot 14-pole interior permanent magnet machine with low space harmonics for electric vehicle applications[J]. IEEE Trans. Energy Convers.，2016，31(3)：860-871.

[75]　Zhao B, Gong J, Tong T, et al. A Novel five-phase fractional slot concentrated winding with low space harmonic contents[J]. IEEE Trans. Magn., 2021, 57(6): 8104605.

[76]　Abdel-Khalik A S, Ahmed S, Massoud A M. A six-phase 24-Slot/10-pole permanent-magnet machine with low space harmonics for electric vehicle spplications[J]. IEEE Trans. Magn., 2016, 52(6): 8700110.

[77]　Islam M S, Kabir M A, Mikail R, et al. Space-shifted wye-delta winding to minimize space harmonics of fractional-slot winding [J]. IEEE Trans. Ind. Appl., 2020, 56 (6): 2520-2530.

[78]　Lei Y, Zhao Z, Wang S, et al. Design and analysis of star-delta hybrid winding for high-voltage induction motors[J]. IEEE Trans. Ind. Electron., 2011, 58(9): 3758-3767.

[79]　Dajaku G, Gerling D. A novel tooth concentrated winding with low space harmonic contents[J]. International Electric Machines & Drives Conference, Chicago, IL, USA, 2013: 755-760.

[80]　Abdel-Khalik A S, Ahmed S, Massoud A M. Low space harmonics cancelation in double-layer fractional slot winding using dual multiphase winding[J]. IEEE Trans. Magn., 2015, 51(5): 8104710.

[81]　Choi G, Jahns T M. Reduction of eddy-current losses in fractional-slot concentrated-winding synchronous PM machines[J]. IEEE Trans. Magn., 2016, 52(7): 8105904.

[82]　Zhao W, Pan X, Ji J, et al. Analysis of PM eddy current loss in four-phase fault-tolerant flux-switching permanent-magnet machines by air-gap magnetic field modulation theory [J]. IEEE Trans. Ind. Electron., 2020, 67(7): 5369-5378.

[83]　Luo J, Zhao W, Ji J, et al. Reduction of eddy-current loss in flux-switching permanent-magnet machines using rotor magnetic flux barriers[J]. IEEE Trans. Magn., 2017, 53 (11): 2300605.

[84]　Chaithongsuk S, Takorabet N, Kreuawan S. Reduction of eddy-current losses in fractional-slot concentrated-winding synchronous PM motors[J]. IEEE Trans. Magn., 2015, 51 (3): 8102204.

[85]　Dajaku G, Xie W, Gerling D. Reduction of low space harmonics for the fractional slot concentrated windings using a novel stator design[J]. IEEE Trans. Magn., 2014, 50(5): 8201012.

[86]　Cros J, Viarouge P. Synthesis of high performance PM motors with concentrated windings [J]. IEEE Trans. Energy Convers., 2002, 17(2): 248-253.

[87]　Ishak D, Zhu Z Q, Howe D. Permanent-magnet brushless machines with unequal tooth widths and similar slot and pole numbers[J]. IEEE Trans. Ind. Appl., 2005, 41(2): 584-590.

[88]　Gu Z Y, Wang K, Zhu Z Q, et al. Torque improvement in five-phase unequal tooth SPM machine by injecting third harmonic current[J]. IEEE Trans. Veh. Technol., 2018, 67 (1): 206-215.

[89]　汤蕴璆. 电机学 2:机电能量转换[M]. 北京:机械工业出版社,1981.

[90]　郑军强,赵文祥,吉敬华,等. 分数槽集中绕组永磁电机低谐波设计方法综述[J]. 中国电

机工程学报,2020,40(S1):272-280.

[91]　Liu X, Wu D, Zhu Z Q, et al. Efficiency improvement of switched flux PM memory machine over interior PM machine for EV/HEV applications[J]. IEEE Trans. Magn. , 2014, 50(11): 8202104.

[92]　Kwon J, Kwon B. High-efficiency dual output stator-PM machine for the two-mode operation of washing machines[J]. IEEE Trans. Energy Convers. , 2018, 33(4): 2050-2059.

[93]　Zhu Z Q, Ng K, Schofield N, et al. Improved analytical modelling of rotor eddy current loss in brushless machines equipped with surface-mounted permanent magnets[J]. IEE P. -Elect. Pow. Appl. , 2004, 151(6): 641-650.

[94]　Ji J, Luo J, Zhao W, et al. Effect of circumferential segmentation of permanent magnets on rotor loss in fractional-slot concentrated-winding machines[J]. IET Electr. Power Appl. , 2017, 11(7): 1151-1159.

[95]　Mahmoudi A, Soong W L, Pellegrino G, et al. Loss function modeling of efficiency maps of electrical machines[J]. IEEE Trans. Ind. Appl. , 2017, 53(5): 4221-4231.

[96]　Kahourzade S, Mahmoudi A, Soong W L, et al. Estimation of PM machine efficiency maps from limited data[J]. IEEE Trans. Ind. Appl. , 2020, 56(3): 2612-2621.

[97]　Chen Q, Fan X, Liu G, et al. Regulation of high efficiency region in permanent magnet machines according to a given driving cycle[J]. IEEE Trans. Magn. , 2017, 53 (11): 7300805.

[98]　Preindl M, Bolognani S. Model predictive direct torque control with finite control set for PMSM drive systems, part 2: field weakening operation[J]. IEEE Trans. Industr. Inform. , 2013, 9(2):648-657.

[99]　Li K, Wang Y. Maximum torque per ampere (MTPA) control for IPMSM drives based on a variable-equivalent-parameter MTPA control law[J]. IEEE Trans. Power Electron. , 2019, 34(7): 7092-7102.

[100]　陈益广,潘玉玲,贺鑫. 永磁同步电机分数槽集中绕组磁动势[J]. 电工技术学报,2010, 25(10):30-36.

[101]　谭建成. 三相无刷直流电动机分数槽集中绕组槽极数组合规律研究(连载之一)[J]. 微电机,2007(12):72-77.

[102]　徐亮. 磁场调制式永磁容错电机的分析、设计与控制[D]. 镇江:江苏大学,2017.

[103]　Bianchi N, Bolognani S, Dai Pré M, et al. Design considerations for fractional-slot winding configurations of synchronous machines[J]. IEEE Trans. Ind. Appl. , 2006, 42 (4): 997-1006.

[104]　许实章. 交流电机的绕组理论[M]. 北京:机械工业出版社,1985.

[105]　谭建成. 三相无刷直流电动机分数槽集中绕组槽极数组合规律研究(连载之二)[J]. 微电机,2008(1):52-56.

[106]　谭建成. 无刷直流电动机分数槽集中绕组槽极数组合选择与应用(连载之三)[J]. 微电机,2008(2):74-79.

[107]　佟文明,吴胜男,安忠良. 基于绕组函数法的分数槽集中绕组永磁同步电机电感参数研究[J]. 电工技术学报,2015,30(13):150-157.

[108]　Raziee S M, Misir O, Ponick B. Winding function approach for winding analysis[J]. IEEE Trans. Magn., 2017, 53(10): 8203809.

[109]　Faiz J, Tabatabaei I. Extension of winding function theory for nonuniform air gap in electric machinery[J]. IEEE Trans. Magn., 2002, 38(6): 3654-3657.

[110]　Cheng M, Han P, Hua W. General airgap field modulation theory for electrical machines [J]. IEEE Trans. Ind. Electron., 2017, 64(8):6063-6074.

[111]　Abdel-Khalik A S, Ahmed S, Massoud A M. Application of stator shifting to five-phase fractional-slot concentrated-winding interior permanent magnet synchronous machine[J]. IET Electr. Power Appl., 2016, 10(7):681-690.

[112]　Sun Y, Zhao W, Ji J, et al. Torque improvement in dual m-phase permanent magnet machines by phase shift for electric ship applications[J]. IEEE Trans. Veh. Technol., 2020, 69(9): 9601-9612.

[113]　Kothals-Altes W. Motor winding: US, US8258665 B2[P]. 2008-05-06.

[114]　Misir O, Raziee S M, Hammouche N, et al. Prediction of losses and efficiency for three-phase induction machines equipped with combined star-delta windings[J]. IEEE Trans. Ind. Appl., 2017, 53(4): 3579-3587.

[115]　Ibrahim M N F, Abdel-Khalik A S, Rashad E M, et al. An improved torque density synchronous reluctance machine with a combined star-delta winding layout[J]. IEEE Trans. Energy Convers., 2018, 33(3): 1015-1024.

[116]　王秀和. 永磁电机[M]. 2 版. 北京:中国电力出版社,2011.

[117]　Koo B, Kim J, Nam K. Halbach array PM machine design for high speed dynamo motor [J]. IEEE Trans. Magn., 2021, 57(2): 8202105.

[118]　Ni Y, Jiang X, Xiao B, et al. Analytical modeling and optimization of duallayer segmented halbach permanent-magnet machines[J]. IEEE Trans. Magn., 2020, 56(5): 8100811.

[119]　Gao Y, Doppelbauer M, Qu R, et al. Synthesis of a flux modulation machine with permanent magnets on both stator and rotor[J]. IEEE Trans. Ind. Appl., 2021, 57(1): 294-305.

[120]　Zhu X, Lee C H T, Chan C C, et al. Overview of flux-modulation machines based on flux-modulation principle: topology, theory, and development prospects[J]. IEEE Trans. Transp. Electrification, 2020, 6(2): 612-624.

[121]　邢泽智,王秀和,赵文良. 基于不同极弧系数组合分段倾斜磁极的表贴式永磁同步电机齿槽转矩削弱措施研究[J]. 中国电机工程学报,2021,41(16):5737-5747. doi. org/10.13334/j.0258-8013. pcsee. 201370.

[122]　谭建成. 三相无刷直流电动机分数槽集中绕组槽极数组合规律研究(连载之五)-降低永磁无刷直流电动机齿槽转矩的设计措施[J]. 微电机,2008(4):64-68.

[123]　Ebadi F, Mardaneh M, Rahideh A, et al. Analytical energy-based approaches for cogging

torque calculation in surface-mounted PM motors[J]. IEEE Trans. Magn., 2019, 55 (5): 8101410.

[124] Zhu Z Q, Howe D. Influence of design parameters on cogging torque in permanent magnet machines[J]. IEEE Trans. Energy Convers., 2000, 15(4): 407-412.

[125] Liu T, Zhao W, Ji J, et al. Effects of eccentric magnet on high-frequency vibroacoustic performance in integral-slot SPM machines[J]. IEEE Trans. Energy Convers., 2021. doi: 10. 1109/TEC. 2021. 3060752.

[126] Lin F, Zuo S, Deng W, et al. Modeling and analysis of electromagnetic force, vibration, and noise in permanent-magnet synchronous motor considering current harmonics[J]. IEEE Trans. Ind. Electron., 2016, 63(12): 7455-7466.

[127] Cheng M, Zhu S. Calculation of PM eddy current loss in IPM machine under PWM VSI supply with combined 2-D FE and analytical method[J]. IEEE Trans. Magn., 2017, 53 (1): 6300112.

[128] 董砚, 颜冬, 荆锴, 等. 磁障渐变同步磁阻电机低转矩脉动转子优化设计[J]. 电工技术学报, 2017, 32(19): 21-31.

[129] 张岳, 王凤翔, 邢军强, 等. 磁障转子无刷双馈电机[J]. 电工技术学报, 2012, 27(7): 49-54.

[130] Alberti L, Fornasiero E, Bianchi N. Impact of the rotor yoke geometry on rotor losses in permanent-magnet machines[J]. IEEE Trans. Ind. Appl., 2012, 48(1): 98-105.

[131] Sayed E, Yang Y, Bilgin B, et al. A comprehensive review of flux barriers in interior permanent magnet synchronous machines[J]. IEEE Access, 2019(7): 149168-149181.

[132] Chen Q, Liu G, Zhao W, et al. Design and comparison of two fault-Tolerant interior-permanent-magnet motors[J]. IEEE Trans. Ind. Electron., 2014, 61(12): 6615-6623.

[133] Zhu Z Q, Howe D. Instantaneous magnetic field distribution in brushless permanent magnet dc motors. II. armature-reaction field[J]. IEEE Trans. Magn., 1993, 29(1): 136-142.

[134] Zhang Y, Zhang J, Liu R. Magnetic field analytical model for magnetic harmonic gears using the fractional linear transformation method[J]. Chinese Journal of Electrical Engineering, 2019, 5(1): 47-52.

[135] Dong T, Zhu C, Zhou F, et al. Innovated approach of predictive thermal management for high-speed propulsion electric machines in more electric aircraft[J]. IEEE Trans. Transp. Electrification, 2020, 6(4): 1551-1561.

[136] Boglietti A, Cavagnino A, Staton D, et al. Evolution and modern approaches for thermal analysis of electrical machines[J]. IEEE Trans. Ind. Electron., 2009, 56(3): 871-882.

[137] Boglietti A, Cossale M, Vaschetto S, et al. Thermal conductivity evaluation of fractional slot concentrated-winding machine[J]. IEEE Trans. Ind. Appl., 2017, 53(3): 2059-2065.

[138] Zhu Z Q, Liu Y. Analysis of air-gap field modulation and magnetic gearing effect in fractional slot concentrated-winding permanent-magnet synchronous machines[J]. IEEE

　　　　Trans. Ind. Electron. , 2018, 65(5): 3688-3698.

[139]　Zhao W, Du K, Xu L. Design considerations of fault-tolerant permanent magnet vernier machine[J]. IEEE Trans. Ind. Electron. , 2020, 67(9): 7290-7300.

[140]　李大伟. 磁场调制永磁电机研究[D]. 武汉: 华中科技大学, 2015.

[141]　林福, 左曙光, 马琮淦, 等. 考虑开槽的分数槽集中绕组永磁同步电机电枢反应磁场解析计算[J]. 电工技术学报, 2014, 29(5): 29-35.

[142]　Wu Z Z, Zhu Z Q. Analysis of air-gap field modulation and magnetic gearing effects in switched flux permanent magnet machines [J]. IEEE Trans. Magn. , 2015, 54(5): 8105012.

[143]　Zhao W, Zheng J, Wang J, et al. Design and analysis of a linear permanent-magnet vernier machine with improved force density[J]. IEEE Trans. Ind. Electron. , 2016, 63(4): 2072-2082.

[144]　吉敬华, 潘小云, 赵文祥, 等. 五相容错式磁通切换永磁电机的气隙磁场调制运行机理分析[J]. 中国电机工程学报, 2017, 37(21): 6227-6236.

[145]　林鹤云, 张洋, 阳辉, 等. 永磁游标电机的研究现状与最新进展[J]. 中国电机工程学报, 2016, 36(18): 5021-5034.

[146]　Xu L, Zhao W, Li R, et al. Analysis of rotor losses in permanent magnet vernier machines[J]. IEEE Trans. Ind. Electron. , 2022, 69(2): 1224-1234. doi: 10. 1109/TIE. 2021. 3063974.

[147]　Zhao W, Tao T, Zhu J, et al. A novel finite-control-set model predictive current control for five-phase PM motor with continued modulation[J]. IEEE Trans. Power Electron. , 2020, 35(7): 7261-7270.

[148]　Wrobel R, Salt D. E, Griffo A, et al. Derivation and scaling of AC copper loss in thermal modeling of electrical machines [J]. IEEE Trans. Ind. Electron. , 2017, 61(8): 4412-4420.

[149]　Igarashi H. Semi-analytical approach for finite-element analysis of multi-turn coil considering skin and proximity effects[J]. IEEE Trans. Magn. , 2017, 53(1): 7400107.

[150]　Han T, Wang Y, Shen J. Analysis and experiment method of influence of retaining sleeve structures and materials on rotor eddy current loss in high-speed PM motors[J]. IEEE Trans. Ind. Appl. , 2020, 56(5): 4889-4895.

[151]　Zhu Z Q, Howe D. Instantaneous magnetic field distribution in brushless permanent magnet DC motors. II. Armature-reaction field[J]. IEEE Trans. Magn. , 1993, 29(1): 136-142.

[152]　Zhu Z Q, Ng K, Schofield N, et al. Improved analytical modelling of rotor eddy current loss in brushless machines equipped with surface-mounted permanent magnets[J]. IEE P. Electric Pow. Appl. , 2004, 151(6): 641-650.

[153]　de la Barrière O, Hlioui S, Ben Ahmed H, et al. An analytical model for the computation of no-load eddy-current losses in the rotor of a permanent magnet synchronous machine [J]. IEEE Trans. Magn. , 2016, 52(6): 8103813.

[154] Bertotti G. General properties of power losses in soft ferromagnetic materials[J]. IEEE Trans. Magn., 1988, 24(1): 621-630.

[155] Amar M, Kaczmarek R. A general formula for prediction of iron losses under nonsinusoidal voltage waveform[J]. IEEE Trans. Magn., 1995, 31(5): 2504-2509.

[156] Li Y, Zhu L, Zhu J. Core loss calculation based on finite-element method with jiles-atherton dynamic hysteresis model[J]. IEEE Trans. Magn., 2018, 54(3): 1300105.

[157] Zhang X, Fu P, Ma Y, et al. No-load iron loss model for a fractional-slot surface-mounted permanent magnet motor based on magnetic field analytical calculation[J]. Chin. J. Elect. Eng., 2018, 4(4): 71-79.

[158] Zhu Q, Wu Q, Li W, et al. A general and accurate iron loss calculation method considering harmonics based on loss surface hysteresis model and finite element method [J]. IEEE Trans. Ind. Appl., 2021, 57(1): 374-381.